Light Engineering für die Praxis

Reihe herausgegeben von

Claus Emmelmann, Hamburg, Deutschland

Technologie- und Wissenstransfer für die photonische Industrie ist der Inhalt dieser Buchreihe. Der Herausgeber leitet das Institut für Laser- und Anlagensystemtechnik (iLAS) an der Technischen Universität Hamburg (TUHH). Die Inhalte eröffnen den Lesern in der Forschung und in Unternehmen die Möglichkeit, innovative Produkte und Prozesse zu erkennen und so ihre Wettbewerbsfähigkeit nachhaltig zu stärken. Die Kenntnisse dienen der Weiterbildung von Ingenieuren und Multiplikatoren für die Produktentwicklung sowie die Produktions- und Lasertechnik, sie beinhalten die Entwicklung lasergestützter Produktionstechnologien und der Qualitätssicherung von Laserprozessen und Anlagen sowie Anleitungen für Beratungs- und Ausbildungsdienstleistungen für die Industrie.

Kevin Janzen

Potenzialerschließung des Metal Binder Jetting für die Medizintechnik

Springer Vieweg

Kevin Janzen
Fraunhofer Institut für Additive
Produktionstechnologien (IAPT)
Hamburg, Deutschland

ISSN 2522-8447 ISSN 2522-8455 (electronic)
Light Engineering für die Praxis
ISBN 978-3-662-72470-5 ISBN 978-3-662-72471-2 (eBook)
https://doi.org/10.1007/978-3-662-72471-2

Die Deutsche Nationalbibliothek verzeichnet diese Publikation in der Deutschen Nationalbibliografie; detaillierte bibliografische Daten sind im Internet über https://portal.dnb.de abrufbar.

Planung/Lektorat: Alexander Grün
Springer Vieweg ist ein Imprint der eingetragenen Gesellschaft Springer-Verlag GmbH, DE und ist ein Teil von Springer Nature.
Die Anschrift der Gesellschaft ist: Heidelberger Platz 3, 14197 Berlin, Germany

Potenzialerschließung des Metal Binder Jetting für die Medizintechnik

Vom Promotionsausschuss der
Technischen Universität Hamburg

zur Erlangung des akademischen Grades
Doktor-Ingenieur (Dr.-Ing.)

genehmigte Dissertation (kumulativ)

von
Kevin Janzen

aus
Bielefeld

2025

1. Gutachter: Prof. Dr.-Ing. Claus Emmelmann

2. Gutachter: Prof. Dr.-Ing. Ingomar Kelbassa

Tag der mündlichen Prüfung: 18. Juli 2025

Vorwort

Die vorliegende Arbeit ist während meiner Zeit als wissenschaftlicher Mitarbeiter an der Fraunhofer-Einrichtung für Additive Produktionstechnologien IAPT in Hamburg entstanden.

Zunächst möchte ich mich bei meinem Doktorvater, Herrn Prof. Dr.-Ing. Claus Emmelmann, sowie meinem Zweitprüfer, Herrn Prof. Dr.-Ing. Ingomar Kelbassa, für die Ermöglichung dieser Arbeit danken. Der angenehme Austausch und die konstruktiven Diskussionen während der Bearbeitungszeit haben zentral zur inhaltlichen Qualität der Arbeit beigetragen. Herrn Prof. Dr. rer. nat. Ralf God danke ich für die Übernahme des Vorsitzes des Prüfungsausschusses.

Ebenfalls möchte ich an dieser Stelle allen Kolleginnen und Kollegen des IAPT für die durchweg freundschaftliche Atmosphäre und die große Hilfsbereitschaft danken. Gesondert erwähnen möchte ich hier Dr. Lennart Waalkes sowie Kim Kallies denen ich für die vielen wertvollen Diskussionen und Denkanstöße danke.

Ein ganz besonderer Dank gilt meiner Familie sowie meiner Freundin Mijanou Margies, die mich stets bedingungslos unterstützen und an mich glauben.

Berlin, im Juli 2025

Kevin Janzen

Kurzfassung

Der demografische Wandel und die damit verbundene Entwicklung hin zu einer älter werdenden Bevölkerung führt zu einer steigenden Nachfrage nach maßgeschneiderten medizinischen Lösungen, die den besonderen Bedürfnissen dieser Patientengruppe gerecht werden. Die additive Fertigung, insbesondere das Metal Binder Jetting (MBJ), bietet ein erhebliches Potenzial für die Herstellung maßgeschneiderter Endoprothesen und anderer medizinischer Geräte. Die innovative Technologie kann künftig eine präzise und flexible Fertigung bieten, die den spezifischen Anforderungen der Patienten gerecht wird.

Die vorliegende Dissertation untersucht die Integration von Metal Binder Jetting (MBJ) in bestehende Fertigungsprozesse, insbesondere den Metallpulver-Spritzguss (MIM). Durch den Wegfall teurer Lasersysteme sowie die Verwendung kostengünstiger Materialien, die typisch für MIM sind, verspricht die Technologie Kostensenkungen und eine nahtlose Integration in MIM-Prozessketten. Im Gegensatz zu herkömmlichen Laser- oder Elektronenstrahl-Pulverbettschmelzverfahren (L-/E-PBF) nutzt MBJ ein flüssiges Bindemittel zur Verbindung von Metallpartikeln, wodurch die Herstellung komplexer Teile ohne Stützstrukturen möglich wird. Diese Eigenschaft minimiert thermische Spannungen und steigert die Effizienz des Materialrecyclings, insbesondere bei hochpreisigen Materialien wie Titan. Trotz dieser Vorteile stellt die Industrialisierung von MBJ eine Herausforderung dar. Ziel dieser Forschungsarbeit ist es, Hindernisse für die Industrialisierung von MBJ zu identifizieren und gleichzeitig dessen potenzielle Anwendungen im Bereich der Medizintechnik zu untersuchen.

Ein wichtiger Schwerpunkt dieser Forschungsarbeit liegt auf der Verbesserung der Prozessstabilität beim Umgang mit Titanpulvern, insbesondere Ti-6Al-4V. Die wissenschaftlichen Studien dieser Arbeit zeigen, dass eine Optimierung der Pulverkonditionierungsstrategien die Fließfähigkeit erheblich steigert. Zu den effektiven Konditionierungstechniken zählt die Kontrolle der Pulverfeuchte durch den Einsatz fortschrittlicher Trocknungsmethoden. Die Ergebnisse deuten darauf hin, dass Vakuumtrocknung die Fließfähigkeit von Titanpulvern verbessert, was eine höhere Maßgenauigkeit sowie einen stabileren Prozess ermöglicht. Darüber hinaus haben Aushärtungsstrategien einen entscheidenden Einfluss auf die Grünteilbeschaffenheit. Ergebnisse der Arbeit zeigen, dass die Aushärtungsparameter zwar nur einen minimalen Einfluss auf die Oberflächenrauheit und die Dichte der Grünteile haben, jedoch eine entscheidende Rolle bei der Bestimmung der Grünteilfestigkeit spielen – ein kritischer Faktor für die Handhabung und Nachbearbeitung. Unterschiedliche Aushärtungsatmosphären können die mechanischen Eigenschaften dabei erheblich beeinflussen. Untersuchungen zur Wiederverwendung von Titanpulver zeigen ein großes Potenzial sowohl für die wirtschaftliche Effizienz als auch für die ökologische Nachhaltigkeit von MBJ-Prozessketten, da kritische Verunreinigungen im Material effektiv vermieden werden können. Es wurde festgestellt, dass selbst nach viermaliger Wiederverwendung des Pulvers nur minimale Veränderungen in der Partikelgrößenverteilung auftraten, während die Fließeigenschaften verbessert wurden. Zudem konnte selbst nach 15 thermischen Wiederverwendungszyklen keine signifikante Aufnahme von Sauerstoff oder Stickstoff nachgewiesen werden.

Die Kombination aus verbesserter Pulverkonditionierung, optimierter Aushärtungsstrategie und effektivem Recycling positioniert MBJ als praktikable Fertigungslösung für die Herstellung patientenspezifischer Implantate. Die Ergebnisse dieser Forschungsarbeit deuten darauf hin, dass MBJ die Produktion maßgeschneiderter medizinischer Geräte revolutionieren und somit zu einer verbesserten Gesundheitsversorgung sowie einer höheren Effizienz in der medizinischen Fertigung beitragen kann.

Abstract

The demographic shift leading to a growing elderly population has created a rising demand for tailored medical solutions that address the unique needs of this patient group. Additive manufacturing, particularly Metal Binder Jetting (MBJ), presents significant potential for creating customized endo-prostheses and other medical devices. This innovative technology allows for precise and flexible pro-duction, meeting the specific requirements of older patients.

This dissertation investigates the integration of MBJ into existing manufacturing processes, especially those derived from metal injection molding (MIM). The anticipated reductions in production costs associated with MBJ arise from the elimination of expensive laser systems and the utilization of more economical materials typical of MIM, facilitating seamless integration into established work-flows. Unlike traditional laser or electron beam powder bed fusion (L-/E-PBF) methods, MBJ employs a liquid binder to bond metal particles, allowing for the production of intricate parts without the need for support structures. This capability minimizes thermal stresses and enhances material recycling efficiency, particularly for high-cost materials such as titanium. Despite these advantages, the industrialization of MBJ remains a challenge, with market shares for MBJ equipment significantly trailing those of established laser-based systems. The aim of this research is to identify barriers to the industrialization of MBJ while exploring its potential applications in the medical technology sector.

A critical focus of this work is the enhancement of process stability when working with titanium powders, particularly Ti-6Al-4V. The studies carried out highlight that optimizing powder conditioning strategies significantly improves flowability, which is essential for high-quality MBJ production. Effective conditioning techniques include controlling moisture content and employing various drying methods. Findings indicate that a vacuum drying cycle at elevated temperatures can enhance the flowability of titanium powders, resulting in improved dimensional accuracy of printed components. Moreover, advancements in curing strategies crucially influence the performance of green parts. Research demonstrates that while curing parameters have minimal impact on surface roughness and green density, they play a decisive role in determining green strength – a critical factor for handling and post-processing fragile green parts. Variations in curing atmospheres, such as air versus inert gas, can significantly affect mechanical properties. Investigations regarding the reuse of titanium powder highlight the great potential for both the economic efficiency and the ecological sustainability of MBJ process chains, as critical impurities in the material can be effectively avoided. It is shown that even after reusing the powder four times, only minimal changes in particle size distribution occurred, flow properties were improved and no significant uptake of oxygen or nitrogen was detectable even after 15 thermal reuse cycles.

The combination of enhanced powder conditioning, optimized curing strategies, and effective recycling protocols positions MBJ as a viable manufacturing solution for producing patient-specific im-plants. The results indicate that with refined methodologies, MBJ could revolutionize the production of customized medical devices, contributing to improved healthcare outcomes and efficiencies in medical manufacturing.

Inhaltsverzeichnis

Abkürzungen

Bezeichnung	Beschreibung
3D	dreidimensional
AM	Additive Fertigung
ASTM	American Society for Testing and Materials
BJT	Binder Jetting
CAD	Computer-aided Design
DIN	Deutsches Institut für Normung
E-PBF	Elektronenstrahlschmelzen
GWP	Global Warming Potential
HIP	Heiß-Isostatisches Pressen
HP	Hewlett-Packard/HP Inc.
L-PBF	Laserstrahlschmelzen
MBJ	Metal Binder Jetting
MIM	Metallpulverspritzguss
MIT	Massachusetts Institute of Technology
PSD	Partikelgrößenverteilung
STL	Standard Tessellation Language
Ti-6Al-4V	Titanlegierung mit Aluminium und Vanadium
VDI	Verein Deutscher Ingenieure
VW	Volkswagen AG

Formelzeichen

Lateinische Symbole

Bezeichnung	Beschreibung	SI-Einheit
CI	Kohäsionsindex	-
D_{crop}	Trommeldurchmesser	m
d	Durchmesser Drahtgewebe	m
F_0	Sieböffnungsgrad	-
f_s	Skalierungsfaktor	-
f_V	Materialverlustfaktor	-
K_{Anlage}	Anlagenkaufpreis	-
K_E	Energiekosten	€
K_{HR}	Angenommener Personalstundensatz	€/h
K_M	Maschinenkosten	€
K_{Mat}	Materialkosten	€
K_P	Personalkosten	€
K_{Stk}	Stückkosten	€
k_E	Strompreis	€/Wh
k_P	Materialpreis	€/kg
MP	Maschinenproduktivität	m^3/h
n_{Lot}	Losgröße	-
n_M	Anzahl der benötigten Anlagen	-
n_P	Anzahl Prozesse	-
n_{PJ}	Anzahl der notwendigen Prozessdurchläufe	-
n_{WD}	Anzahl der Werktage pro Jahr	-
n_{WH}	Anzahl der Arbeitsstunden pro Tag	-
P	Leistungsaufnahme	W
t_{Dep}	Abschreibungsdauer	h
t_{ges}	Gesamtarbeitszeit	h
t_{HR}	Manuelle Arbeitsstunden je Prozess	h
t_{Lot}	Fertigungszeit	h
t_P	Dauer aller Prozesse je Losgröße	h
t_{PJ}	Dauer eines Prozessdurchlaufs	h
U	Auslastung	-

V_{ges}	Zu fertigendes Gesamtvolumen	m^3
V_{Part}	Bauteilvolumen	m^3
w	Maschenweite	m

Griechische Symbole

Bezeichnung	Beschreibung	SI-Einheit
α_f	Dynamischer Schüttwinkel	°
ρ_{Tap}	Klopfdichte	kg/m^3
σ	Pulveroberfläche	m^2

Abbildungsverzeichnis

Tabellenverzeichnis

1 Einleitung

Im Folgenden werden die Ausgangslage und Motivation für diese Forschungsarbeit im Rahmen von Kapitel 1.1 dargelegt. Im Anschluss erfolgt die Synthese der Zielsetzung in Kapitel 1.2.

1.1 Motivation

Der demographische Wandel stellt eine der größten Herausforderungen unserer Gesellschaft dar. In Deutschland und weltweit wächst die Zahl der älteren Menschen rasant an, was zu einem erhöhten Bedarf an medizinischen Lösungen führt, die auf die individuellen Bedürfnisse dieser Patienten-gruppe zugeschnitten sind. Insbesondere im Bereich der Endoprothetik zeigt sich ein dringender Bedarf an patientenindividuellen Implantaten, die nicht nur funktional, sondern auch optimal auf die anatomischen Gegebenheiten der Patienten abgestimmt sind.

Die additive Fertigung bietet ein vielversprechendes Potenzial zur Herstellung solcher maßgeschneiderter Endoprothesen. Die innovativen Technologien ermöglichen eine präzise und flexible Produktion, die den speziellen Anforderungen der Patienten gerecht werden kann. Insbesondere die Einführung des Metal Binder Jetting (MBJ) für den industriellen Einsatz wurde als bedeutender Umbruch angesehen [103], der die Produktionskosten im Vergleich zum Laser- oder Elektronenstrahl-Pulverbettschweißen (L-/E-PBF) drastisch senken könnte [69]. Diese Kostensenkung sollte durch den Wegfall teurer Lasersysteme und die Verwendung kostengünstigerer Materialien aus dem Metallpulver-Spritzguss (MIM) sowie die nahtlose Integration in ähnliche Fertigungsprozessketten ermöglicht werden [69]. L- und E-PBF haben sich bereits im industriellen Maßstab für die Herstellung von Hüftpfannen und weiteren Endoprothesen bewährt [13,26,37,84]. Im Gegensatz zum L- und E-PBF-Prozess eignet sich MBJ insbesondere für sehr kleine und filigrane Bauteile, da Produkte mit einem hohen Bauteilvolumen i.d.R. kaum prozessstabil gesintert werden können [29,57]. MBJ verspricht einerseits, die Fertigungskosten zu senken, und andererseits bessere Optionen für eine flexible Massenproduktion (engl. mass customization) zu bieten, da keine Stützstrukturen benötigt wer-den. Bisher bleibt eine breite Industrialisierung der Technologie jedoch aus und die Marktanteile der Anlagenhersteller liegen weit hinter denen der etablierten laserbasierten Systeme. In der vorliegen-den kumulativen Dissertation sollen daher Hindernisse für die Industrialisierung von MBJ identifiziert werden, um anschließend Potenziale – ¬insbesondere in der anspruchsvollen Medizintechnik – wissenschaftlich zu untersuchen und zu erschließen.

K. Janzen, *Potenzialerschließung des Metal Binder Jetting für die Medizintechnik*,
Light Engineering für die Praxis, https://doi.org/10.1007/978-3-662-72471-2_1

1.2 Zielsetzung und Struktur der Arbeit

Die vorliegende Dissertation zielt darauf ab, das Potenzial des MBJ für die Medizintechnik zu erforschen, insbesondere in Bezug auf die Herstellung patientenindividueller Endoprothesen. Dabei wird der Fokus auf die Verbesserung der Prozessstabilität bei der Verarbeitung von Titanpulvern gelegt, um die Integration von MBJ in bestehende Fertigungsprozesse, wie sie im MIM üblich sind, zu er-möglichen. Um diese zentrale Zielstellung zu bedienen, werden in Kapitel 2 zunächst die theoretischen Grundlagen des MBJ sowie die Herausforderungen bei der Verarbeitung von Titanpulvern behandelt. Kapitel 3 leitet die Forschungshypothese ab und überprüft die Annahmen der Motivation. Kapitel 4 beschreibt das methodische Vorgehen zur Entwicklung von Strategien zur Pulveraufbereitung, insbesondere hinsichtlich der Trocknungsprozesse, die Entwicklung von Strategien zur Grünteilaushärtung sowie Überlegungen hinsichtlich der Ressourceneffizienz. Außerdem werden die separat veröffentlichten experimentellen Ergebnisse zur Auswirkung verschiedener Pulverbehandlungs- und Aushärtungsstrategien sowie Ressourceneffizienz zusammengefasst und besprochen. Diese Ergebnisse bilden die Grundlage für eine ökonomische Potenzialbewertung in Kapitel 4.5.3. Die Kapitelstruktur sowie die Zuordnung der im Rahmen der Dissertation entstandenen Publikationen ist in Abbildung 1-1 dargestellt. Die Publikationen selbst sind außerdem als Anhänge A.1 bis A.5 der Dissertation angehängt.

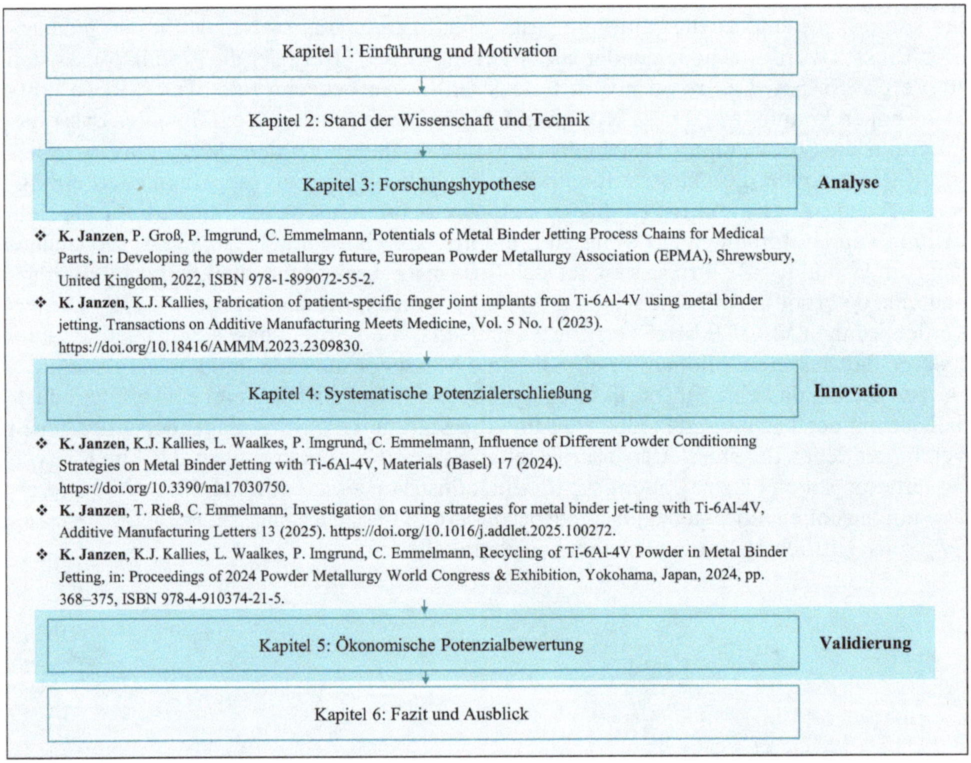

Abbildung 1-1: Struktur der Arbeit

2 Stand der Wissenschaft und Technik

Im Folgenden werden die für das Verständnis der Arbeit erforderlichen Grundlagen dargelegt. Dazu gehören eine detaillierte Betrachtung des MBJ-Verfahrens, der verwendeten Metallpulver sowie der bisherigen Anwendung der additiven Fertigung zur Herstellung von Medizintechnikbauteilen.

2.1 Metal Binder Jetting

Binder Jetting (BJT) wurde in den 1990er Jahren am Massachusetts Institute of Technology (MIT) erfunden [5,83]. Verschiedene Unternehmen kommerzialisierten das Verfahren in den Folgejahren und wurden erfolgreiche Maschinenhersteller wie z.B. ZCorp (USA, 2012 durch 3D Systems übernommen [76]), Desktop Metal (USA), ExOne (USA, 2021 durch Desktop Metal übernommen [75]), Digital Metal (Schweden, 2022 durch Markforged übernommen [65]), Voxeljet (Deutschland), Sinterjet (Türkei) und HP (USA). Mögliche zu verarbeitende Materialien umfassen Metalle, Keramiken und Kunststoffe [28,32]. Im Folgenden wird das Verfahren insbesondere mit Bezug zur Verarbeitung von Titan und Titanlegierungen näher beschrieben und in den Kontext der additiven Fertigung eingeordnet. In der Literatur üblich ist außerdem die spezifischere Verfahrensbezeichnung „Metal Binder Jetting“ (MBJ), sofern es um die Verarbeitung metallischer Werkstoffe mit einem nachgelagerten Sinterschritt geht [8,12,38,47].

2.1.1 Einordnung in die Additive Fertigung

Der Begriff Additive Fertigung (AM, engl.: additive manufacturing) ist in der VDI-Richtlinie 3405 [96] sowie der Norm DIN EN ISO 52900 [20] definiert und beschreibt „Technologien, bei denen Materialien schichtweise additiv miteinander verbunden werden, um physische Objekte nach den Vorgaben von 3-D-Modelldaten herzustellen.“ [20]

Die Bauteilherstellung erfolgt bei additiven Fertigungsverfahren im Gegensatz zu konventionellen (z.B. subtraktiven) Verfahren schichtweise. Hierzu werden auf Basis von 3D-CAD-Daten mathematische Schichtinformationen generiert, auf deren Grundlage Maschinenbefehle definiert und eine anschließende physische Umsetzung entsprechend der Bauteildaten ermöglicht wird [28,32].

K. Janzen, *Potenzialerschließung des Metal Binder Jetting für die Medizintechnik*,
Light Engineering für die Praxis, https://doi.org/10.1007/978-3-662-72471-2_2

Das BJT-Verfahren gehört zu den pulverbasierten AM-Verfahren. In der VDI 3405 [96] wird es auch als „3D-Druck-Verfahren“ oder „3D-Drucken“ bezeichnet. Diese Begriffe können jedoch zu Ver-wechslungen führen, da sie im allgemeinen Sprachgebrauch auch für die gesamte Gruppe der additi-ven Fertigungsverfahren verwendet werden. Um diese Verwechslungsgefahr zu vermeiden, wird in der vorliegenden Dissertation der englische Begriff "Binder Jetting" (BJT) nach DIN EN ISO 52900 [20] bzw. spezifischer MBJ verwendet.

2.1.2 Verfahrensgrundlagen

In den folgenden Unterkapiteln werden die Grundlagen des MBJ-Verfahrens erläutert.

2.1.2.1 Binder Jetting

Der MBJ-Prozess beginnt (wie die meisten AM-Verfahren) mit der Datenvorbereitung, bei der ein 3D-CAD-Modell des gewünschten Bauteils erstellt und in ein druckfähiges Format, meist STL (Standard Tesselation Language), umgewandelt wird. Anschließend werden in einer Datenvorberei-tungssoftware (z.B. Materialise Magics) die Bauteile im möglichen Bauraum positioniert und das gesamte Modell in Schichtinformationen unterteilt, anhand derer die Druckparameter definiert wer-den [28,32].

Vor dem eigentlichen Druckprozess erfolgt eine Vorbereitung des zu verwendenden Metallpulvers. Auf die hierbei typischerweise durchgeführten Schritte zur Pulveraufbereitung und -konditionierung wird jedoch in einem eigenen Kapitel (2.2) eingegangen. Diese stellen einen zentralen Inhalt der Dissertation dar, weswegen der Stand der Technik hierzu etwas näher beleuchtet wird.

Im ersten Schritt des Druckprozesses (das eigentliche Binder Jetting) wird eine dünne Schicht Me-tallpulver auf die Bauplattform aufgetragen. Diese Schicht kann je nach Anforderung eine Dicke von 20 bis 100 µm haben, wobei typischerweise Schichtdicken zwischen 30 und 50 µm verwendet werden. Eine dünnere Schichtdicke führt zu einer höheren Auflösung und besseren Oberflächenqua-lität, während eine dickere Schicht die Druckzeit verkürzt [21,49,57,62].

Nach dem Pulverauftrag trägt ein Druckkopf selektiv einen flüssigen Binder auf die Pulverschicht auf, um die Partikel miteinander zu verbinden. Dieser Schritt wird für jede Schicht wiederholt, bis das gesamte Bauteil Schicht für Schicht aufgebaut ist. Der Binder fungiert dabei als Klebstoff, der die Pulverpartikel in der gewünschten Form zusammenhält. Bei einigen Drucksystem (z.B. ExOne Innovent) wird zusätzlich nach jedem Binderauftrag mittels einer Wärmequelle ein erstes Aushärten des Binder initiiert [9,68]. Die Interaktion zwischen Binder und Pulverbett ist hier entscheidend für die spätere Oberflächenqualität und Dichte der Grünteile [61,79]. Die Menge des aufgebrachten Bin-ders wird dabei als Bindersättigung bezeichnet und fasst die horizontale (laterale Migration) sowie das Eindringen ins Pulverbett (vertikale Migration) zusammen. Die Sättigung hängt stark von der Wechselwirkung zwischen den Eigenschaften des flüssigen Binders (z.B. Viskosität) und denen des Pulverbetts (z.B. Packungsdichte) ab [61,72,80].

2.1.2.2 Aushärten (Curing)

Nach dem Druckprozess folgt das eigentliche Aushärten (auch mit dem englischen Wort Curing bezeichnet) des Binders in einem Wärmebehandlungsofen, um das Grünteil zu stabilisieren. Dies ist entscheidend, um sicherzustellen, dass das Bauteil während des anschließenden Entpulverns nicht beschädigt wird. Das Entpulvern erfolgt i.d.R. durch Druckluft oder mechanische Verfahren. Das Grünteil, das in diesem Schritt entsteht, hat bereits die endgültige Form des Bauteils, ist jedoch etwas größer um den Schrumpf beim späteren Sinterschritt auszugleichen und weist noch nicht die mechanischen Eigenschaften der gewünschten Legierung auf [32,57,107].

Die beschriebenen Prozessschritte bis zum Grünteil sind schematisch in Abbildung 2-1 dargestellt.

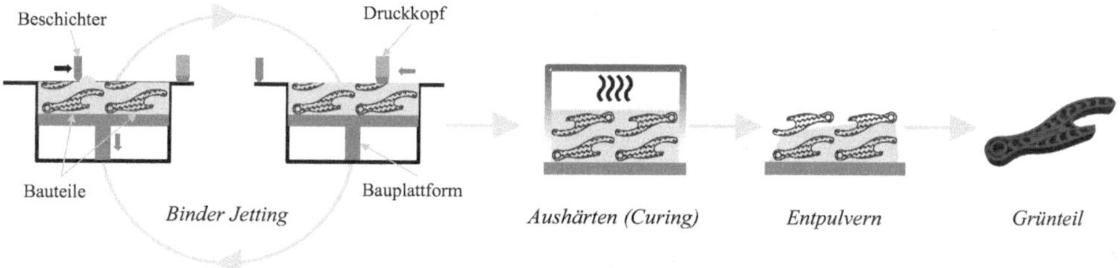

Abbildung 2-1: Prozesskette MBJ bis zum Grünteil nach [5,83,107]

Nach dem Entpulvern der Grünteile muss der Binder entfernt werden und die Pulverpartikel sollen metallische Verbindungen eingehen, sodass die gewünschten finalen Materialeigenschaften erreicht werden. Hierzu wird die aus dem Metallpulver-Spritzguss (MIM) bekannte Prozesskette aus Entbindern und Sintern verwendet (siehe auch [29]).

Entbinderungsstrategien für MBJ sind entscheidend für die Qualität der finalen Bauteile. Beim Entbindern wird das Bindermaterial entfernt, das die Metallpartikel während des Druckprozesses zusammenhält. Dieser Schritt ist entscheidend, bevor der Sinterprozess beginnen kann [57,107]. Es gibt zwei primäre Entbinderungsmethoden: Thermisch und lösemittelbasiert.

2.1.2.3 Thermisches Entbindern

Bei dieser Methode wird das Grünteil auf eine bestimmte Temperatur erhitzt, um das Bindemittel zu zersetzen und zu verdampfen. Die thermische Zersetzung muss kontrolliert werden, um Defekte wie Verformungen oder Risse zu vermeiden. Normalerweise wird dieser Prozess in einer inerten Atmosphäre durchgeführt, um eine Oxidation des Metallpulvers zu verhindern [29]. Einige Bindersysteme benötigen jedoch explizit Sauerstoff für die Zersetzung [30]. Die für das thermische Entbindern erforderliche Temperatur und Zeit hängen von der Bindemittelzusammensetzung und der Größe des Teils ab. Zusätzlich ist zu beachten, dass durch Ansammlung von Binderrückständen in der Ofen-atmosphäre eine Explosionsgefahr entstehen kann. Daher sind Bauteilmengen und Temperaturrampen dementsprechend zu wählen.

2.1.2.4 Lösemittelbasiertes Entbindern

Bei dieser Methode wird das Grünteil in ein Lösungsmittel getaucht, das den Binder auflöst. Dieses Verfahren ist in der Regel schneller als das thermische Entbindern und kann verwendet werden, um einen erheblichen Teil des Bindemittels vor dem thermischen Entbindern zu entfernen. Anschließend wird das restliche Bindemittel (das sogenannte Backbone-Polymer) wiederum thermisch entfernt. Der kombinierte Ansatz minimiert das

Risiko von Fehlern und verkürzt die Gesamtentbinderungszeit, erfordert jedoch zusätzliche Anlagentechnik und ein entsprechendes Bindersystem [29,30,107].

Beide Methoden erfordern eine sorgfältige Kontrolle der Parameter wie Temperatur, Zeit und Atmosphäre, um die erfolgreiche Entfernung des Bindemittels zu gewährleisten und das Bauteil für den anschließenden Sinterprozess vorzubereiten. Gegenstand aktueller Forschung sind außerdem um-weltfreundliche Bindersysteme, die wasserlöslich und biologisch abbaubar sind, um das Verfahren insgesamt nachhaltiger zu gestalten [102]. Das entbinderte Grünteil nennt man nun Braunteil [29].

2.1.2.5 Sintern

Im Sinterschritt wird das entbinderte Braunteil zu einem geschlossenen Metallbauteil verdichtet. Bei diesem Schritt werden die gedruckten Teile auf Temperaturen unterhalb des Schmelzpunktes des Metallpulvers erhitzt, was eine atomare Diffusion ermöglicht, die die Partikel miteinander verbindet. Das übliche Hauptziel bei der Gestaltung von Sinterprofilen besteht darin, die Restporosität zu minimieren und eine gewünschte Mikrostruktur in Verbindung mit bestimmten mechanischen Eigenschaften zu erreichen [29]. Die entbinderten Braunteile werden hierzu auf die definierte Sintertemperatur erhitzt, die in der Regel zwischen 70 und 90 % des materialspezifischen Schmelzpunkts liegt. Stähle werden häufig bei 1250 °C gesintert, während typische Sintertemperauren für Kupfer bei nur etwa 1045 °C liegen [29]. Für Titanlegierungen wie Ti-6Al-4V sind etwa zwischen 1350 und 1500 °C üblich [24,77]. Aufheizgeschwindigkeit, Höchsttemperatur und die Haltezeit werden sorg-fältig gesteuert, um die Partikeldiffusion und das Wachstum von Sinterhälsen zwischen den Partikeln zu fördern. Die Sinteratmosphäre ist in der Regel ein Inertgas wie Argon oder eine reduzierende Atmosphäre wie Wasserstoff, um Oxidation und Verunreinigung zu verhindern [29]. Insbesondere bei Titanlegierungen ist auch Sintern unter Hochvakuum üblich [24]. Ein großer Vorteil von sinter-basierten im Gegensatz zu laserbasierten AM-Verfahren ist die Möglichkeit, über das Sinterprofil eine bestimmte Mikrostruktur zu erzeugen, die spezifisch gewünschte mechanische Eigenschaften im Fertigteil zur Folge hat. In der Literatur beschrieben ist zum Beispiel das Sintern von Titan un-terhalb der Beta-Transus-Temperatur. Bei dieser Temperatur wandelt sich die hexagonale Kristall-struktur des α-Titan in das kubisch-raumzentrierte β-Titan. Für Reintitan liegt diese Temperatur bei 882,5 °C während sie für Titanlegierungen, je nach Bestandteilen, i.d.R. zu höheren Temperaturen verschoben ist [48,109]. Mittels Sinterprozessen unterhalb dieser Temperatur lassen sich insbesonde-re die Dauerfestigkeitseigenschaften der späteren Bauteile optimieren [45]. Um diese Effekte für das Sintern von MIM-Grünteilen nutzbar zu machen, werden insbesondere kleine Pulverpartikel unter-halb von 25 µm benötigt, um durch die größere Oberfläche eine ausreichende Sinterkinetik zu errei-chen [97]. Der Grund hierfür liegt in den Grundzügen der Verdichtung bei Sinterprozessen:

Der primäre Mechanismus, der die Verdichtung beim Sintern antreibt, ist die Verringerung der Oberflächenenergie, die die Atome dazu veranlasst, zu wandern und sich an den Partikelkontakten zu verbinden. Während dieser Phase laufen verschiedene Diffusionsprozesse ab, die zu einer Ver-dichtung und damit verbunden zu einem Schrumpf des Bauteils führen. Diese Phase ist entschei-dend für die Minimierung von Porosität und das Erreichen der gewünschten Bauteileigenschaften.

Die folgenden Diffusionsprozesse tragen hier zu den Partikelbindungen bei [6]:

- Oberflächendiffusion: Atome bewegen sich entlang der Oberfläche der Partikel und tragen zum Wachstum der Sinterhälse bei, jedoch nicht wesentlich zur Verdichtung [31,73,91].
- Gitterdiffusion (Volumendiffusion): Atome bewegen sich durch das Kristallgitter, was zu Wachstum der Sinterhälse und Verdichtung führt [73].
- Korngrenzendiffusion: Atome diffundieren entlang der Korngrenzen und fördern Verdich-tung und Kornwachstum. Dieser Diffusionsprozess ist am hilfreichsten bei der Verdichtung von pulvermetallurgisch hergestellten Bauteilen [29,31].

Nach dem Sinterzyklus werden die Teile langsam auf Raumtemperatur abgekühlt. Kontrollierte Ab-kühlraten sind wichtig, um thermische Spannungen, Verformungen und Risse zu vermeiden. Die Kühlatmosphäre muss inert oder reduzierend bleiben, um die Integrität des Teils zu erhalten [29,30].

Eine Reihe von Faktoren kann das Ergebnis eines Sinterprozesses zum Teil stark beeinflussen: Wie oben bereits beschrieben sintern feinere Pulver aufgrund ihres größeren Verhältnisses von Oberflä-che zu Volumen effektiver und bieten eine höhere Antriebskraft für die Diffusion [6,29,97]. Sehr feine Pulver können jedoch Probleme bei der Handhabung mit sich bringen und erfordern möglich-erweise besondere Überlegungen zur Verteilung und Fließfähigkeit des Pulvers (gilt insbesondere für MBJ) [7,23]. Höhere Sintertemperaturen und längere Sinterzeiten verbessern die Diffusionsraten und die Verdichtung. Zu hohe Temperaturen können jedoch zu Kornwachstum und Vergröberung führen, was die mechanischen Eigenschaften beeinträchtigen kann [29].

Das Erreichen geschlossener Bauteile mit hoher Dichte in gesinterten MBJ-Teilen ist aufgrund der Porosität, die durch den BJT-Prozess eingebracht wird, eine Herausforderung. Techniken wie die Optimierung der Pulverpartikelgrößenverteilung, die Verwendung bimodaler Pulvermischungen und der Einsatz von Sinterhilfsmitteln können dazu beitragen, die Porosität zu verringern [15]. Außer-dem kann ggf. ein HIP-Prozess (Heiß-Isostatisches Pressen) angeschlossen werden, um das Bauteil weiter zu verdichten und die mechanischen Eigenschaften zu verbessern [44].

2.1.3 Metal Binder Jetting von Titan und Titanlegierungen

Titan und Titanlegierungen spielen als derzeit wichtigste Materialien für biomedizinische Anwendungen und Prothesen eine besondere Rolle für die Industrialisierung von MBJ. Durch ihre sehr vorteilhaften mechanischen Eigenschaften und herausragende Biokompatibilität sind Legierungen wie Ti-6Al-4V heute der Goldstandard bei Hüft- oder auch Knieimplantaten [71,78]. Da AM im Allgemeinen große Vorteile für die Herstellbarkeit komplexer Geometrien bietet und die Kosten-struktur in medizintechnischen Anwendungen gut abgebildet werden kann, werden entsprechende Endoprothesen mittels L- und E-PBF bereits seit vielen Jahren erfolgreich aus Titanlegierungen ge-fertigt [17,26,84]. Auf Grund derzeit noch nicht erreichbarer normgerechter Materialeigenschaften fehlen diese Durchbrüche derzeit noch für den MBJ-Prozess [38,39]. Dennoch ist die Verarbeitung von Titan und Titanlegierungen mittels MBJ Gegenstand zahlreicher wissenschaftlicher Arbeiten, die im Folgenden jeweils kurz zusammengefasst werden, um ein Bild vom aktuellen Stand der Technik zu vermitteln:

Iyibilgin et al. erreichten eine Restporosität von etwa 8 % durch Sintern von MBJ-Grünteilen aus Reintitan bei 1200 °C unter Argonatmosphäre [36]. Miyanaji et al. entwickelten ein physik-basiertes Modell zur Abschätzung der optimalen Bindersättigung bei

Ti-6Al-4V [61]. Stevens et al. unter-suchten die Homogenität der Porosität von Ti-6Al-4V-Bauteilen aus dem MBJ-Prozess. Sie fanden heraus, dass die Dichte insbesondere in Randbereichen schwankt und ggf. geringer sein kann als im restlichen Bauteil. Dies gilt insbesondere bei sehr komplexen Bauteilen mit vielen dünnwandigen Strukturen, die grundsätzlich als geeignet für den Fertigungsprozess gelten [12,93]. Simchi et al. konnten erfolgreich hochdichte Bauteile aus Ti-6Al-4V mittels MBJ herstellen und dabei Grenzwerte für Stickstoff und Kohlenstoff der relevantesten Norm ASTM-F2885 einhalten [27]. Die gesinterten Bauteile wiesen jedoch immer noch einen Anstieg der Sauerstoffverunreinigungen von 30 bis 50 % gegenüber der Norm auf [92]. Insgesamt kann festgehalten werden, dass normgerechte Eigenschaften (z.B. nach [27]) bisher noch nicht erreicht wurden und hier eine Forschungslücke im Stand der Wissenschaft und Technik gesehen werden kann.

2.2 Metallpulver und deren Eigenschaften

Beim MBJ verwendete Metallpulver werden hauptsächlich durch Verdüsungsverfahren wie Gas- oder Wasserverdüsung hergestellt. Typische Partikelgrößenverteilungen liegen zwischen 5 und 75 µm. Feineres Pulver (unter 10 µm) neigt jedoch zur Agglomeratbildung, was die Fließfähigkeit beeinträchtigen kann und zusätzliche Maßnahmen zur Pulverkonditionierung erfordert [7,40,106].

Zu den häufiger verwendeten Materialien im MBJ gehören hochlegierte Stähle wie 316L [7,57] und 17-4PH [25,35], Titanlegierungen wie Ti-6Al-4V [92,93], sowie Kupfer [2] und Kobalt-Chrom-Legierungen [81]. Diese Materialien werden jeweils wegen ihrer guten mechanischen Eigenschaften, Korrosionsbeständigkeit und Biokompatibilität ausgewählt, was sie ideal für Anwendungen in der Medizintechnik, Luft- und Raumfahrt- sowie Automobilindustrie macht. In den folgenden Unterkapiteln wird näher auf die relevantesten Eigenschaften und Charakteristiken von Metallpulvern und ihren Einfluss auf das Pulverbett eingegangen. Außerdem wird der Stand der Wissenschaft und Technik zu Pulverkonditionierungsmaßnahmen sowie zur Materialrezyklierung dargestellt.

2.2.1 Einflüsse auf das Pulverbett

Heute verfügbare MBJ Anlagensysteme bieten eine Vielzahl an Einstellungen und Prozessparame-tern, um die Pulverbettqualität und -dichte zu beeinflussen und so zu einer Verbesserung der Grünteileigenschaften beizutragen [9,14,22,50,62]. Neben diesen anlagenspezifischen Einstellgrößen ist jedoch zu beachten, dass das verwendete Pulvermaterial ebenfalls einen erheblichen Einfluss aus-übt [3,4,7,15]. Verschiedene Eigenschaftsprofile der verwendeten Metallpulver können in unter-schiedlicher Art und Weise das Pulverbett und damit auch die erzielbare Qualität der Grünteile be-einflussen. Im Folgenden wird daher insbesondere auf Einflüsse im Pulverbett eingegangen, die durch das Pulvermaterial und seine Eigenschaften entstehen.

Die Partikelgrößenverteilung (PSD) und -morphologie spielen eine entscheidende Rolle für die er-reichbare Packungsdichte und Oberflächenqualität der im MBJ hergestellten Grünteile [4,7,67]. Die PSD beschreibt, wie die Größen der Pulverpartikel in einer Pulvercharge verteilt sind. Sie wird häufig durch die D10-, D50- und D90-Werte charakterisiert. Diese Werte geben die Partikelgrößen an, bei denen 10 %, 50 % und 90 % der Pulverpartikel kleiner sind. Verschiedene Haftmechanismen beein-flussen die Fließfähigkeit des Pulvers und damit auch die Packungsdichte und Qualität des Pulver-betts. Die dabei wichtigsten Prinzipien sind in Abbildung 2-2 dargestellt.

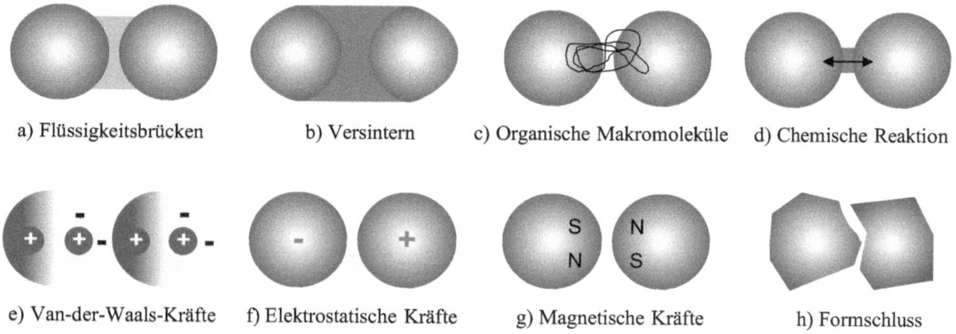

Abbildung 2-2: Haftungsmechanismen zwischen Pulverpartikeln nach [86,89]

Durch unzureichende Konditionierungsmaßnahmen oder eine hohe Umgebungsfeuchtigkeit können Flüssigkeitsbrücken (Abbildung 2-2, a) zwischen Pulverpartikeln entstehen [1,89,101]. In 2.2.3 wird noch näher auf Aspekte der Pulverkonditionierung eingegangen. Versintern (Abbildung 2-2, b) erfolgt vor allem unter Temperatureinfluss und folgt den gleichen Funktionsprinzipien wie für den späteren (dann erwünschten) Sinterprozess der bereits in 2.1.2 beschrieben wurde. Ein weiterer relevanter Haftmechanismus sind Partikelbindungen über Fremdmoleküle (siehe Abbildung 2-2, c). Im MBJ-Prozess entstehen diese insbesondere bei der Wiederverwendung von Altpulver durch Binderreste [49] und haben daher eine große Bedeutung für Rezyklierungsstrategien. Auch auf diesen Punkt wird später noch näher eingegangen. Materialspezifisch können auch magnetische Kräfte [95] oder chemische Reaktionen [51] (Abbildung 2-2, d und g) auftreten und ein ungehindertes Fließen des Pulvers behindern. Feine Pulver (kleiner als 20 µm) neigen zu schlechterer Fließfähigkeit, da insbesondere Van-der-Waals-Kräfte (Abbildung 2-2, e) und elektrostatische Kräfte (Abbildung 2-2, f) auf Grund der höheren spezifischen Oberfläche stärker wirken [55,99]. Pulver mit einer geringen Sphärizität (Rundheit) neigen zu Formschluss (Abbildung 2-2, h) und sorgen dadurch ebenfalls für prinzipiell schlechtere Fließeigenschaften [104].

Alle genannten Haftmechanismen haben über die Veränderung der Fließfähigkeit einen indirekten Einfluss auf die Packungsdichte des Pulverbetts und damit die Grünteilqualität. Tendenziell bieten feinere Pulver höhere Packungsdichten [3,4,15,64], neigen jedoch gleichzeitig wie oben beschrieben zu schlechterer Fließfähigkeit und können durch Agglomerationen auch zu Schichtfehlern beitragen. Durch bimodale Pulvergrößenverteilungen (also Verteilungen mit einem groben und einem feinen Anteil) können ebenfalls verbesserte Packungsdichten erreicht werden und gleichzeitig die Fließfähigkeit erhalten bzw. sogar im Vergleich zur feineren Pulverfraktion gesteigert werden [3,15].

Die Auswahl und Optimierung der Pulvergrößenverteilung und -form sind entscheidend für die Qualität der im MBJ hergestellten Teile. Eine sorgfältige Balance zwischen Fließfähigkeit, Packungs-dichte und Sinterverhalten muss erreicht werden, um hochqualitative und dichte Metallteile zu produzieren.

2.2.2 Definition der Fließfähigkeit

Nachdem im letzten Kapitel beschrieben wurde wie sich Pulvereigenschaften und insbesondere die Fließfähigkeit ebendieser auf das Pulverbett auswirken, soll nun näher beleuchtet werden, was unter Fließfähigkeit selbst zu verstehen ist und wie sich diese (insbesondere im Kontext MBJ) quantifizieren lässt. Mit der Fließfähigkeit wird eine plastische Verformung eines Pulverwerkstoffs beschrieben bei der sich einzelne Partikel auf Grund einer im Pulver auftretenden Scherspannung gegeneinander verschieben [86,87,89]. Die Fließfähigkeit kann somit nicht direkt gemessen werden, sondern bietet je nach Messverfahren vielmehr einen indirekten Hinweis darauf, wie leicht ein Pulver frei fließen kann [40,104].

Typischerweise wird die Durchflussmenge durch ein Hall-Flow-Meter nach DIN EN ISO 4490 als Kenngröße verwendet [9,16,104]. Diese Methode ist jedoch bei geringen PSD und den damit verbundenen schlechten Fließeigenschaften ungeeignet [40,52]. Als eine alternative Messmethode hat sich daher in den letzten Jahren für AM-Verfahren wie L-PBF oder auch MBJ die Rotationstrommelanalyse etabliert [34,52,70]. Hierbei wird eine durchsichtige Trommel bis zur Hälfte mit Pulver gefüllt und um ihre Achse gedreht. Dadurch entsteht ein Schüttwinkel für das Pulver. Die Trommel wird währenddessen von hinten beleuchtet, um den Kontrast für eine Kamera zu erhöhen, die während des Messvorgangs einzelne Bilder des Pulvers aufnimmt [53]. Hieraus lassen sich insbesondere zwei drehzahlabhängige Messgrößen ableiten: Der dynamischen Schüttwinkel α_f und der Kohäsionsindex CI (siehe Abbildung 2-3). Der dynamische Schüttwinkel beschreibt den Fließwinkel, wie er auf der linken Seite der Abbildung dargestellt ist.

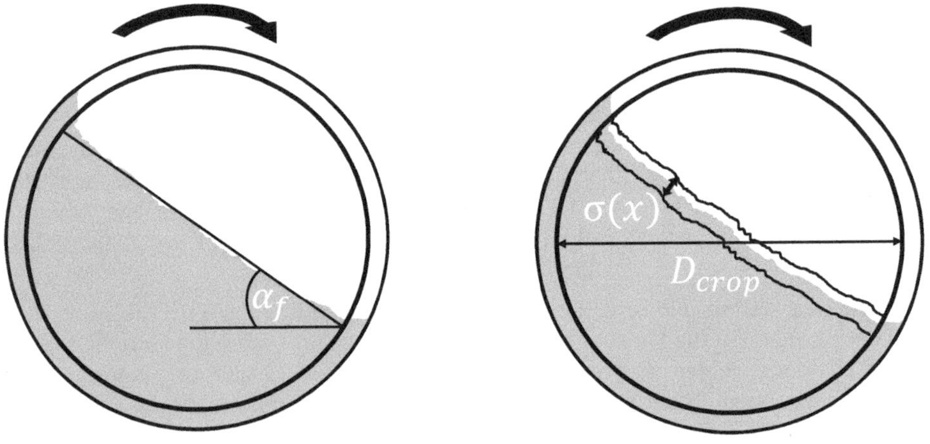

Abbildung 2-3: Prinzip der Rotationstrommelanalyse nach [40,53]

Der Kohäsionsindex wird aus dem verwendeten Trommeldurchmesser Dcrop bestimmt und die Fluktuationen in der Pulveroberfläche σ(x) werden mit Hilfe der Formel (2.1) ermittelt [53]:

$$CI = \frac{1}{D_{crop}} \int \sigma(x)dx \tag{2.1}$$

Es existieren noch weitere Messverfahren zur Beschreibung der Fließfähigkeit von Schüttgütern und Pulvern, wie z.B. mittels Schergeräten [87]. Da diese jedoch eher unüblich zur Charakterisierung von Metallpulvern für MBJ sind, wird an dieser Stelle auf eine nähere Betrachtung verzichtet.

2.2.3 Möglichkeiten der Pulverkonditionierung

Bei der Wiederverwendung von Altpulver aus dem Prozess aber auch bei der erstmaligen Verwendung von Neupulver kann es vielfältige Gründe geben, das Pulver vor Benutzung zu konditionieren. Pulverkonditionierung meint im Rahmen dieser Dissertation alle Maßnahmen nur Änderung der Eigenschaften oder Zusammensetzung eines Pulvers. Hierzu zählen insbesondere Sieben und Trocknen. Ziel einer Konditionierungsmaßnahme ist üblicherweise die Entfernung von Agglomerationen, Fremdkörpern (z.B. Binderreste) oder Feuchtigkeit aus dem verwendeten Metallpulver. Hierdurch werden die Fließeigenschaften verbessert, Prozessfehler vermieden und/oder Kontamination vorgebeugt [58,88,89,108].

2.2.3.1 Sieben

Bei der Aufbereitung von Metallpulvern spielt Sieben eine zentrale Rolle. Hierbei werden Agglomerationen, die sich durch die in 2.2.1 beschriebenen Haftmechanismen gebildet haben, aus dem Pulvermaterial entfernt. Typischerweise wird daher eine Maschenweite w gewählt, die in etwa dem größten Teil der PSD des Pulvers entspricht. Mit Hilfe des sogenannten Sieböffnungsgrades F_0 wird das Verhältnis der Maschen zur gesamten Siebfläche (also Drahtgewebe mit dem Durchmesser d und Maschenweite w) beschrieben [19,89,94]:

$$F_0 = \frac{w^2}{(w + d)^2} \tag{2.2}$$

Pulverpartikel, die deutlich kleiner als die Maschenweite sind benötigen nur wenige Durchtrittsgelegenheiten (genannt Siebwürfe), um hindurchzutreten. Ihre Durchtrittswahrscheinlichkeit ist daher hoch. Kugeln mit Durchmessern, die nahe der Maschenweite liegen, benötigen hingegen viele Gelegenheiten zum Durchtritt. Bei unregelmäßig geformten Partikeln ist das Verhalten ähnlich: Körner mit Größen im Bereich von $0{,}8 \leq x/w \leq 1{,}4$ werden als siebschwieriges Grenzkorn bezeichnet und haben eine geringe Durchtrittswahrscheinlichkeit. Die Gefahr des Einklemmens ist umso größer, je näher Korngröße und Maschenweite beieinanderliegen [19,94]. Pulver mit einer engen PSD sind aus diesem Grund häufig aufwändiger bzw. in mehr Durchgängen zu sieben. Zudem können die in 2.2.1 beschriebenen Haftkräfte insbesondere bei sehr feinen Partikeln den Siebdurchtritt erheblich beeinträchtigen. Dass überhaupt Partikel eine Durchgangswahrscheinlichkeit haben, die einen größeren Nenndurchmesser besitzen als die Maschenweite, liegt an zwei Gründen: Zunächst spielt die Partikelmorphologie eine Rolle. Bei geeigneter Siebbewegung können länglich geformte Partikel, deren volumengleicher Kugeldurchmesser größer als die Nennmaschenweite ist, längs durch die quadratischen Maschen gelangen. Partikel mit mindestens dem anderthalbfachen Durchmesser bleiben jedoch mit Sicherheit im Rückstand. Weiterhin weist jedes Sieb eine Verteilung der Maschenweiten durch Fertigungstoleranzen auf. Es gibt daher auch Maschen mit größeren Öffnungen, durch die entsprechend größere Partikeln hindurchfallen können [94].

2.2.3.2 Trocknen

In 2.2.1 wurde bereits auf die unterschiedlichen Mechanismen eingegangen, die einen Einfluss auf die Pulveradhäsion und damit auf die Fließfähigkeit und Pulverbettqualität haben. Nachdem durch den Prozessschritt Sieben mögliche Agglomerationen und Binderreste entfernt wurden, dient nun ein Trocknungsschritt zur Entfernung möglicher Feuchtigkeit im Pulver. In Abbildung 2-2 wurde bereits das Prinzip der Feuchtigkeitsbrücke eingeführt. Je höher der Wasseranteil in einem Pulverwerkstoff, desto stärkere Adhäsionskräfte treten zwischen den einzelnen Pulverpartikeln auf. Gut nachvollziehbar wird dieser Effekt, denkt man an das Bauen von Sandburgen zurück. Während sehr trockener, pudriger Sand sich kaum für eindrucksvolle Burgtürme eignet und viel zu schnell zerfließt, bringt nasser Sand die gewünschte Bindung mit sich. Für den MBJ Prozess sind nun die gegenteiligen Eigenschaften wünschenswert. Typischerweise werden Metallpulver daher vor Prozessbeginn in Konvektionsöfen oder Trockenschränken vorgewärmt, damit überschüssige Feuchtigkeit aus dem Pulver verdampft und ausreichend gute und gleichbleibende Fließeigenschaften sichergestellt werden können [9].

2.2.4 Materialrecycling im Kontext Metal Binder Jetting

Das Thema Pulverwiederverwendung und -recycling gewinnt für MBJ zunehmend an Bedeutung, da die Aufrechterhaltung der Pulverqualität entscheidend für die wirtschaftliche und ökologische Effi-zienz des Prozesses ist. Grundsätzlich lässt sich aus dem Verfahrensprinzip ein hohes Potential für die Wiederverwendung des bei der Entpulverung anfallenden Materials ableiten, da im Gegensatz zum L- oder E-PBF-Prozess kein erhöhter Wärmeeintrag durch Laser- oder Elektronenstrahlen statt-findet und damit verbundene Degradationseffekte vermieden werden [88].

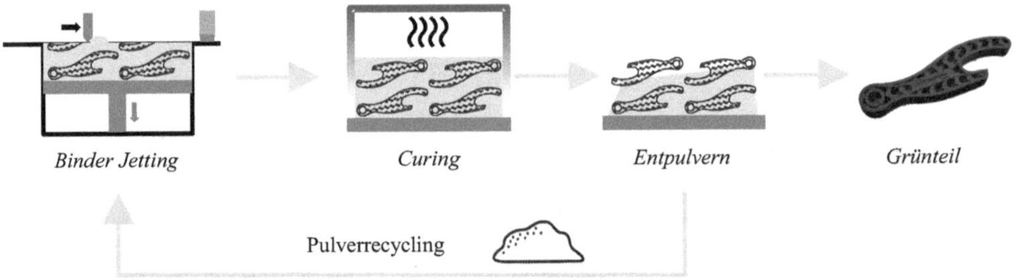

Abbildung 2-4: Prinzip der Wiederverwendung von Pulvermaterial im MBJ

Während es bisher keine Studien gibt, die sich explizit auf das Recycling von Titanlegierungen in MBJ konzentrieren, liegen einige Forschungsarbeiten zu anderen Materialien vor, insbesondere zu rostfreiem Stahl. Mirzababaei et al. untersuchten beispielsweise 316L-Edelstahlpulver und fanden heraus, dass nach bis zu 16-facher Wiederverwendung eine Zunahme gröberer und eine Abnahme feiner Partikel zu beobachten war, bei nur geringfügiger Veränderung des Sauerstoffgehalts. Dies deutet darauf hin, dass die chemische Zusammensetzung kaum beeinflusst wird, obwohl die Parti-kelgrößenverteilung verändert ist. Die mechanischen Eigenschaften der Bauteile blieben nahezu unverändert im Vergleich zu Neupulvern [58]. Auch Zissel et al. analysierten das Verhalten von 17-4 PH rostfreiem Stahl bei wiederholtem Recycling im MBJ und beobachteten leichte Änderungen in der Partikelgrößenverteilung sowie eine Zunahme des Sauerstoffgehalts. Dennoch blieben auch hier die mechanischen Eigenschaften der resultierenden Teile stabil [108]. Seyda et al. untersuchten die Veränderung der Eigenschaften von Ti-6Al-4V-Pulver bei wiederholter Wiederverwendung im L-PBF-Verfahren. Dabei zeigte sich, dass das Pulver mit zunehmenden Recyclingzyklen eine Ver-gröberung der Partikel sowie eine verbesserte Fließfähigkeit aufweist, was die Qualität der laserge-schmolzenen Teile signifikant beeinträchtigt. Die Studie legt einen klaren Zusammenhang zwischen diesen Alterungsmerkmalen und Veränderungen in Dichte, Porosität und mechanischen Eigenschaf-ten der hergestellten Bauteile offen. So führte die Alterung des Pulvers zu einer Reduzierung der Porosität und Schwankungen in der Dichte der Bauteile [88,89]. Lutter-Günther et al. verbesserten die Ressourceneffizienz im L-PBF durch weiterentwickelte Pulverrecycling-Strategien. In ihrer Stu-die werden zwei Modelle vorgestellt: ein Modell zur Berechnung des Pulver-Recyclingzyklus und ein verfeinertes Modell für den Ressourcen- und Energieverbrauch im L-PBF-Prozess. Diese Modelle bewerten das globale Erwärmungspotenzial (GWP, von engl. global warming potential) von L-PBF-Teilen unter Berücksichtigung verschiedener Recyclingstrategien und Materialverluste. Die Ergeb-nisse verdeutlichen, dass eine optimierte Pulverwiederverwendung die GWP-Belastung des L-PBF-Prozesses erheblich reduzieren kann und damit den Umweltvorteil effizienter Recyclingstrategien hervorhebt [54].

2.3 Metal Binder Jetting in der Anwendung

Wie in der Einleitung beschrieben, ist das MBJ-Verfahren lange Zeit hinter den anfänglichen, euphorischen Erwartungen zurückgeblieben. Trotz der Zusammenarbeit wichtiger Industrieakteure wie der Volkswagen AG (VW), Siemens AG und HP Inc. [85] waren zunächst vielversprechende An-wendungsfälle im Vergleich zu herkömmlichen Fertigungsverfahren letztlich zu kostspielig, um in die Serienfertigung überführt zu werden. Ein Beispiel hierfür ist die Entwicklung von Knotenpunkten einer A-Säulen-Verstärkung bei VW: Dank der Geometriefreiheiten des MBJ konnten Gewichtseinsparungen von 40 % gegenüber konventionell hergestellten Bauteilen erzielt werden. Zu-dem konnte im Crashtest nachgewiesen werden, dass die gedruckten Varianten mindestens die Anforderungen der Serienbauteile erfüllen [82]. Letztendlich führt der hohe Kostendruck in der Automobilindustrie jedoch dazu, dass eine Einführung der MBJ-gefertigten Bauteile in die Serienproduktion bei VW bisher ausbleibt.

In jüngster Vergangenheit scheinen zumindest auf dem chinesischen Markt erste industrielle An-wendungen Fuß zu fassen. Zoltrix Material International Limited, eines der führenden Unternehmen für MIM in China, nutzt MBJ nach eigenen Angaben zur additiven Fertigung von Hunderttausenden von Metallkomponenten für Verbraucher-Elektronik. Auf der Formnext 2024 stellte Zoltrix Teile aus 316L- und 17-4PH-Edelstahl vor, darunter Gehäuse für Smartwatches. Der asiatische Markt für Verbraucher-Elektronik ist ein wichtiger Zielmarkt für MBJ, da Unternehmen wie Apple und Samsung komplexe Präzisionsmetallkomponenten in großen Mengen verwenden [56,90].

Serienanwendungen für kritische Bauteile in der Medizintechnik und Luftfahrt stehen bislang noch aus. Neben der häufig unzureichenden Prozessstabilität stellen auch die nicht normgerechten Materialeigenschaften der für diese Industrien wichtigen Titanlegierungen ein Problem dar. Wie bereits in Abschnitt 2.1.3 erwähnt, liegen die Werte für Sauerstoff und teilweise auch Kohlenstoff über den in den Normen festgelegten Grenzwerten [92]. Für patientenindividuelle Anwendungen fehlen Prozessstabilität und Verständnis der Wechselwirkungen der einzelnen Prozessschritte Drucken, Entbindern und Sintern um Bauteile „first time right“ zu fertigen. Dies bedeutet, dass die gefertigten Teile in der ersten Produktionsrunde die gewünschten Qualitätsstandards erfüllen und keine Nach-bearbeitung oder Anpassungen erforderlich sind.

3 Forschungshypothese

Aus dem zuvor skizzierten Stand der Technik lässt sich ein besonders hohes Potential für eine mögliche Industrialisierung und eine breitere Anwendung von MBJ insbesondere für die Medizintechnik ableiten. Gleichzeitig wird aber auch deutlich, dass entlang der Prozesskette teils zentrale Fragestellungen bisher ungeklärt bleiben und somit als Hürde für die industrielle Anwendung bestehen. Während der Sinterprozess weitgehend kontrolliert wird und zumindest im Zusammenhang mit MIM auch als Stand der Technik gesehen werden kann, bestehen für den MBJ-Prozess bis zum Grünteil die größten Lücken im Gesamtverständnis. Während für den verwandten AM-Prozess L-PBF, eine Vielzahl an Publikationen zu den Eigenschaften der verwendeten Metallpulvern sowie ihrer prozess-gerechten Konditionierung vorliegen (z.B. [16,52,89]), fehlen diese für MBJ bisher fast komplett bzw. befassen sich im besten Fall mit Standardmaterialien wie Edelstählen. Titanpulver verhalten sich auf Grund der materialspezifischen Oxidoberfläche jedoch grundlegend anders und sollten daher wissenschaftlich auch separat betrachtet werden. Der MBJ-spezifische Prozessschritt Aushärten ist grundlegend wenig erforscht und insbesondere auch hier fehlen Arbeiten zu Titanlegierungen. Zusätzlich birgt MBJ insbesondere bei der Materialeffizienz ein enormes Potenzial, da durch den Weg-fall des Lasers als Wärmequelle grundsätzlich ein höheres Recyclingpotenzial vorliegt. Auch hier beziehen sich vorliegende Publikationen insbesondere auf Edelstähle während gerade sauerstoff-sensitive Materialien wie Titan und seine Legierungen bisher wenig bis gar nicht erforscht wurden [58,108].

Im Folgenden werden zwei Publikationen, die im Rahmen dieser Arbeit entstanden sind, zusammengefasst, die sich auf die Identifikation von technologischen und ökonomischen Potenzialen der jungen Technologie MBJ beziehen. Hierbei sollen im Stand der Technik gefundene ungenutzte Potenziale weiter erläutert, überprüft und voruntersucht werden. Abgeleitet von diesen Überlegungen wird im Anschluss eine Forschungshypothese formuliert, deren Überprüfung der Inhalt aller weiterer Kapitel darstellt.

K. Janzen, *Potenzialerschließung des Metal Binder Jetting für die Medizintechnik*,
Light Engineering für die Praxis, https://doi.org/10.1007/978-3-662-72471-2_3

3.1 Ökonomische Potenziale für die Medizintechnik

In der ersten zur kumulativen Dissertation veröffentlichten Publikation „Potentials of Metal Binder Jetting Process Chains for Medical Parts“ wurden erste ökonomische Überlegungen zum Einsatz von Metal Binder Jetting (MBJ) für die Produktion von Medizintechnikbauteilen mit hohen Stückzahlen, wie beispielsweise Hüftgelenkpfannen, angestellt (siehe A.1 und [38]). Ein rudimentäres Kostenmodell zeigt, dass bei Losgrößen über 2.000 Stück pro Jahr die Fertigungskosten im Vergleich zum L-PBF-Prozess signifikant gesenkt werden können. Dies macht MBJ zu einer vielversprechen-den Alternative für die Serienproduktion in der Medizintechnik.

Die Arbeit hebt jedoch auch Schwächen entlang der Prozesskette hervor, insbesondere in Bezug auf die Fließfähigkeit der verwendeten Pulverfraktionen. Diese Faktoren sind entscheidend, da sie die Qualität der Endprodukte und die Effizienz des Herstellungsprozesses beeinflussen. Die Herausforderungen, die mit der Verarbeitung reaktiver Metalle wie Ti-6Al-4V verbunden sind, müssen ebenfalls berücksichtigt werden. Diese Metalle erfordern eine präzise Kontrolle der sintertechnologischen Parameter, um eine hohe Materialqualität zu gewährleisten und gleichzeitig Oxidation während des Prozesses zu vermeiden.

Ein weiterer wichtiger Aspekt ist, dass die Entwicklung effektiver Pulverhandhabungsstrategien für MBJ noch in den Kinderschuhen steckt. Die bestehenden Standards und Verfahren von etablierten Technologien wie MIM können als Referenz herangezogen werden, um die Anforderungen an die chemische Zusammensetzung und die Verarbeitung von Ti-6Al-4V-Pulvern zu definieren. Die Überwachung der chemischen Zusammensetzung, insbesondere der Gehalte an Sauerstoff, Stickstoff und Kohlenstoff, wird entscheidend sein, um die hohen Anforderungen der Medizintechnik zu erfüllen.

Zusammenfassend lässt sich sagen, dass MBJ ein großes Potenzial für die kosteneffiziente Herstellung medizinischer Bauteile bietet, jedoch auch eine eingehende Untersuchung der Prozesskette und der verwendeten Materialien erfordert. Die Optimierung der Prozessparameter sowie eine sorgfältige Auswahl der Pulver und Bindemittel werden entscheidend sein, um die Vorteile dieser Technologie voll auszuschöpfen und gleichzeitig die Herausforderungen zu meistern, die mit der Qualität und der Reproduzierbarkeit der Produkte einhergehen.

3.2 Geometriefreiheit und flexible Massenproduktion

Insbesondere vor dem Hintergrund patientenindividueller Therapieformen und Implantatlösungen, bietet die Medizintechnik das größte zukünftige Marktpotential für den MBJ-Prozess. Die Möglichkeiten der flexiblen Massenproduktion, die durch den supportfreien Formungsprozess ermöglicht werden, sowie die besonders hohe Bauteilauflösung von MBJ sind entscheidende Vorteile. In der zweiten Publikation der vorliegenden Arbeit „Fabrication of patient-specific finger joint implants from Ti-6Al-4V using metal binder jetting" (siehe A.2 und [39]) wurde die Machbarkeit der Herstellung filigraner, patientenspezifischer Fingergelenksimplantate demonstriert (siehe Abbildung 3-1).

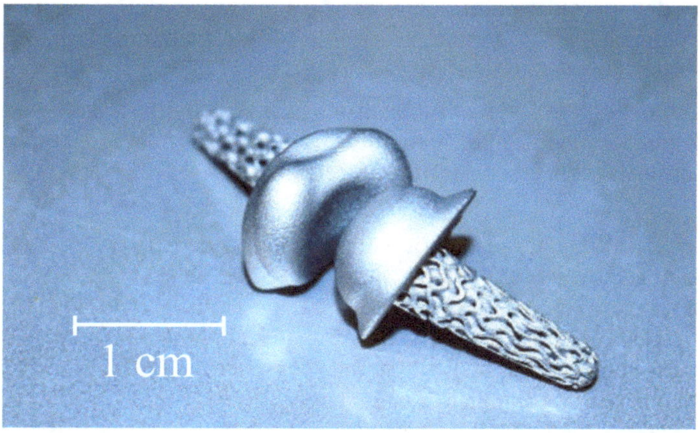

Abbildung 3-1: Prototyp eines patientenindividuellen Fingergelenkimplantats aus Ti-6Al-4V [39]

MBJ bietet im Vergleich zu anderen additiven und konventionellen Fertigungsverfahren erhebliche Vorteile. Zum einen können noch feinere Geometrien realisiert werden [12], und zum anderen ermöglicht die stützstrukturfreie Formgebung ein hohes Potenzial für die Individualisierung der Implantate. Trotz dieser Vorteile identifiziert die Studie jedoch auch Schwächen in der Prozessstabilität. So war die Ausschussrate bei der Herstellung der Fingergelenkdemonstratoren für eine industrielle Implementierung als deutlich zu hoch eingestuft. Viele Bauteile wiesen nach der Entpulverung Beschichtungsfehler auf, die auf die geringe Fließfähigkeit des Titanpulvers zurückzuführen sind.

Zusätzlich kam es bei vielen Grünteilen während der Entpulverung zu Beschädigungen, da die im Aushärtungsschritt erreichte Grünteilfestigkeit unzureichend war. Für eine flexible Massenproduktion ist es zudem wichtig, die Ressourceneffizienz zu beachten. Titanlegierungen neigen je nach Umgebungstemperatur zur Aufnahme von Unreinheiten. Sowohl bei der Pulvertrocknung als auch beim Aushärten sind die Pulvermaterialien tendenziell höheren Prozesstemperaturen ausgesetzt, was die Materialeigenschaften negativ beeinflussen kann.

Die Ergebnisse dieser Studie unterstreichen die Notwendigkeit weiterer Untersuchungen, um die Fließfähigkeit des Pulvers zu optimieren, die Ausschussraten zu reduzieren und die Materialeigenschaften zu verbessern. Die Erforschung der Recyclingmöglichkeiten verwendeter Metallpulver kann ebenfalls einen bedeutenden Beitrag zur Ressourcenschonung und zur Reduzierung der Kosten im Herstellungsprozess leisten. Eine zu verfolgende Forschungsrichtung könnte die Entwicklung von Verfahren zur Pulveraufbereitung unter inerten Atmosphärenbedingungen umfassen, um die Ab-sorption von Kohlenstoff und Sauerstoff zu minimieren, da dies die mechanischen Eigenschaften der Implantate negativ beeinflussen kann. Grundsätzlich identifiziert die Publikation Problemstellungen entlang der Prozesskette bis zum Grünteil, die die Pulverkonditionierung, das Aushärten und Überlegungen zur Wiederverwendung der kostspieligen Titanpulver betreffen.

3.3 Forschungsfragen

Abgeleitet von den zuvor aus dem Stand der Technik sowie den Voruntersuchungen in [38] und [39] entwickelten Prämissen werden drei Forschungsfragen definiert deren Beantwortung das Ziel der Arbeit darstellt:

1. Wie können geeignete Pulveraufbereitungsstrategien entwickelt werden, um die Fließ- und Verdichtungsfähigkeit von Titanpulvern mit kleinen Partikelgrößenverteilungen zu optimieren und somit die Integration in MIM-Prozessrouten zu ermöglichen?

Durch eine gezielte Versuchsgestaltung sollen umfassende Strategien und Prozesse zur Pulveraufbereitung entwickelt werden. Diese Strategien zielen darauf ab, einerseits die Verwendung kleinskaliger, MIM-typischer Metallpulver zu ermöglichen, die für die Fertigung präziser und komplexer Bau-teile implementiert in MIM-Prozessrouten notwendig sind. Andererseits soll die Prozessstabilität und -konsistenz signifikant verbessert werden, um eine zertifizierbare Fertigung mit einer hohen Prozess-sicherheit zu erreichen. Ein zentrales Ziel dieser Entwicklungen ist es, insbesondere patientenspezifische Endoprothesen sowie weitere individuell gestaltete Bauteile im Grünstadium first time right herzustellen.

Die Notwendigkeit, die Qualität und die Eigenschaften der verwendeten Pulver zu optimieren, ist von zentraler Bedeutung, da die Fließfähigkeit und die Reaktivität des Pulvers einen direkten Ein-fluss auf die Effizienz und die Ergebnisse des gesamten Fertigungsprozesses haben. Durch die Implementierung innovativer Pulveraufbereitungstechniken, wie z.B. innovativer Trocknungsverfahren, sollen die physikalischen Eigenschaften des verwendeten Metallpulvers verbessert werden.

Die Herausforderung, eine hohe Prozessstabilität zu gewährleisten, wird durch die Variabilität der Rohmaterialien und die Komplexität des MBJ-Verfahrens verstärkt. Daher ist es entscheidend, die Wechselwirkungen zwischen den verschiedenen Prozessschritten zu verstehen und potenzielle Fehlerquellen zu identifizieren. In diesem Zusammenhang sollte auch die Rolle von externen Faktoren, wie der Umgebungsbedingungen und insbesondere der Luftfeuchtigkeit mitbetrachtet werden, da diese die Qualität der gefertigten Bauteile erheblich beeinflussen können.

Insgesamt zielt diese Forschungsfrage darauf ab, die Grundlagen für eine industrielle Anwendung von MBJ zu schaffen und die Effizienz und Qualität der Fertigung optimieren. Dies kann nicht nur die Herstellung von maßgeschneiderten medizinischen Implantaten revolutionieren, sondern auch einen entscheidenden Beitrag zur Weiterentwicklung der Medizintechnik leisten.

2. Wie sieht eine geeignete Strategie zur Aushärtung von Titan-Grünteilen für eine effektive Entpulverung und Grünteilstabilität aus?

Um ein besseres Verständnis der zugrunde liegenden Wechselwirkungen zu erlangen und gleichzeitig die Prozesssicherheit zu erhöhen, werden spezifische Aushärtungsstrategien für die Legierung Ti-6Al-4V sowie MIM-typische Pulverfraktionen erforscht. Die Zielsetzung, die diese Forschungsfrage impliziert, ist die materialspezifische Identifikation von Prozessparametern, die es ermöglichen, im MBJ hergestellte Grünteile mit maximaler Festigkeit und hoher Dimensionstreue zu erzeugen. Diese Eigenschaften sind insbesondere für den Einsatz in der Medizintechnik von entscheidender Bedeutung, da sie eine beschädigungsfreie und vor allem zuverlässige Entpulverung ermöglichen und zu einer zertifizierbaren Prozesskette beitragen. Darüber hinaus sollen die Untersuchungen darauf ab-zielen, die chemisch-physikalischen Vorgänge während des Aushärtungsprozesses im Zusammen-hang mit dem spezifischen Pulvermaterial besser zu verstehen.

Hierbei sollte die Versuchsplanung eine umfassende Analyse von Einflüssen wie Temperatur, Aushärtungsdauer und Atmosphäre ermöglichen. Diese Erkenntnisse sind entscheidend, um die Prozessparameter zu optimieren und die prozessstabile Qualität der gefertigten Endprodukte zu gewähr-leisten.

3. Wie wirtschaftlich und ressourceneffizient kann eine MBJ-Prozesskette zur Herstellung von Titanbauteilen umgesetzt werden?

Um die Wirtschaftlichkeit und Ressourceneffizienz von MBJ-Prozessketten bei der Herstellung von Titanbauteilen zu erforschen, soll eine umfassende Studie zur Wiederverwendung von MIM-typischen Titanpulvern durchgeführt werden. Diese Untersuchung konzentriert sich insbesondere auf mehrere Schlüsselfaktoren, darunter die Aufnahme von Verunreinigungen, die Dimensionstreue über mehrere Wiederverwendungen sowie die allgemeine Qualität der Grünteile in Abhängigkeit von der gewählten Recyclingstrategie.

Ein zentraler Aspekt dieser Studie ist die Analyse, wie unterschiedliche Recyclingmethoden die Materialeigenschaften und die Verarbeitbarkeit der wiederverwendeten Pulver beeinflussen. Der Fokus liegt dabei auf der Identifizierung von potentiellen Verunreinigungen, die während des Recycling-prozesses auftreten können. Diese Verunreinigungen können nicht nur die physikalischen Eigenschaften der Bauteile negativ beeinflussen, sondern auch die Sicherheit und Effizienz der gesamten Prozesskette gefährden und einer späteren Zertifizierung entgegenstehen.

Darüber hinaus werden die Dimensionstreue und die chemischen Eigenschaften der wiederverwendeten Pulver untersucht, um sicherzustellen, dass normegerechte Anforderungen der Medizintechnik erreichbar sind. Die Wiederverwendung von Pulver birgt das Potenzial, die Kosten der Herstellung deutlich zu senken und gleichzeitig die Ressourcennutzung zu optimieren.

Insgesamt zielt die Fragestellung darauf ab, eine kosteneffizientere, ressourcenschonendere und nachhaltigere Prozessgestaltung zu ermöglichen, die den Anforderungen der Medizintechnik gerecht wird. Die Ergebnisse dieser Forschung könnten maßgeblich dazu beitragen, die Akzeptanz und Implementierung von MBJ-Technologien in der Industrie zu fördern und somit einen bedeutenden Fortschritt in der Herstellung individueller und patientenspezifischer Titanbauteile zu erzielen.

4 Systematische Potenzialanalyse

Im Rahmen von drei Publikationen zur MBJ-Prozesskette für die additive Produktion von Ti-6Al-4V-Bauteilen für die Medizintechnik wurden die Pulverkonditionierung [40], der Aushärtungsschritt [42] sowie die Pulverrückführung [41] in den Prozess tiefergehend untersucht, um die in Kapitel 2.3 skizzierten Forschungsfragen zu beantworten. In Kapitel 4.1 wird zunächst das verwendete MBJ Anlagensystem näher erläutert, während in 4.2 auf das verwendete Pulvermaterial eingegangen wird. In den weiteren Unterkapiteln werden dann anschließend die Untersuchungsergebnisse der Publikationen zusammengefasst und in den Kontext der Forschungshypothesen gesetzt. Hierbei werden nur die wichtigsten Erkenntnisse hervorgehoben, während für einen umfassenderen Einblick die jeweiligen Veröffentlichungen selbst herangezogen werden sollten.

4.1 Metal Binder Jetting Anlagensystem

Für ausnahmslos alle durchgeführten Untersuchungen wurde zur Herstellung der Grünteile das gleiche Anlagensystem DMP 2500 der Firma Markforged (früher Digital Metal, Schweden) verwendet. Die wesentlichen Komponenten der Anlage sind in Abbildung 4-1 dargestellt. Im Folgenden werden die Besonderheiten der Anlage zusammengefasst. Für das Verständnis der Arbeit und der anliegen-den Publikationen, sind diese Informationen essentiell, da sich die meisten zu dem Themenkomplex veröffentlichten Arbeiten auf das Innovent-System der Fa. Desktop Metal (früher ExOne) beziehen [9,10,50,80]. Die DMP 2500 arbeitet mit einem Druckarm (1), der zwei separate thermische Druckköpfe führt, die den Binder auf das Druckbett (2) auftragen. Über ein Kamerasystem (3) können Aufbaufehler rückverfolgt und künftig auch automatisiert ausgewertet werden [98]. Über ein sogenanntes Top-Feeder Pulverreservoir (4) wird ein mit einer Vibrationseinheit ausgestatteter Klingenbeschichter (5) befüllt, der anschließend die neue Pulverschicht aufzieht. Im Gegensatz zu vielen anderen Anlagenvarianten (z.B. Innovent) kommt bei der DMP 2500 keine zusätzliche Wärmequelle zum prozessinternen Aushärten zum Einsatz. Druckbett und Pulverreservoir sind jedoch beheizt um eine Feuchteaufnahme des Pulvers zu vermeiden.

K. Janzen, *Potenzialerschließung des Metal Binder Jetting für die Medizintechnik*,
Light Engineering für die Praxis, https://doi.org/10.1007/978-3-662-72471-2_4

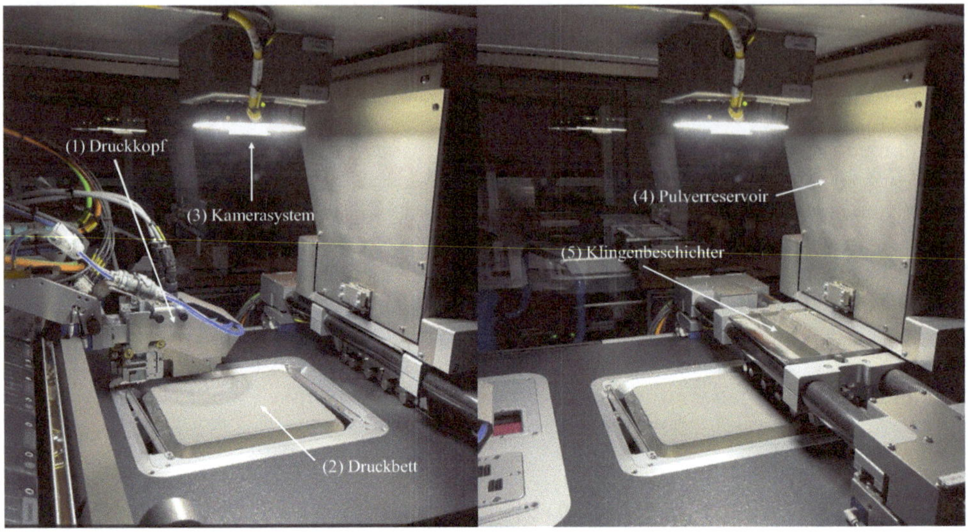

Abbildung 4-1: Aufbau der verwendeten Anlagentechnik (Markforged DMP 2500)

4.2 Material

Für alle Untersuchungen wurde ein sphärisches Gas-atomisiertes Ti-6Al-4V-Pulver der Fa. Tekna Advanced Materials, Inc. verwendet. Die Pulvergrößenverteilung lag zwischen 5 und 25 µm, um eine möglichst hohe Sinterkinetik und einen Sinterprozess unter Beta-Transus-Temperatur zu er-möglichen (vgl. auch Kapitel 2.1.2) [31,97]. Hierdurch werden auf der einen Seite bessere mechanische Eigenschaften, insbesondere bei der Dauerfestigkeit, durch andererseits schlechte Fließeigenschaften (vgl. auch Kapitel 2.2.1) und damit einen instabileren Prozess erkauft. Eine mögliche Strategie zur Verbesserung dieser Fließeigenschaften und damit einem Weg zur erfolgreichen Verarbeitung solcher MIM-Pulver folgt in Kapitel 4.3. Die wichtigsten Eigenschaften des verwendeten Pulvermaterials sind in Tabelle 4.1 zusammengefasst.

Tabelle 4.1: Eigenschaften des verwendeten Ti-6Al-4V-Pulvers

Legierung	Hersteller	D_{10} (µm)	D_{50} (µm)	D_{90} (µm)	Schüttdichte (g/cm³)	Klopfdichte (g/cm³)
Ti-6Al-4V	Tekna	9,43[1]	15,6[1]	21,3[1]	≥ 2,1[2]	≥ 2,7[2]

[1] Gemessen mittels dynamischer Bildanalyse (Microtrac CAMSIZER X2)

[2] Herstellerinformation; Schüttdichte nach ASTM B527 und Klopfdichte nach ASTM B417

4.3 Strategien zur Verarbeitung von MIM-Pulvern

Die Publikation „Influence of Different Powder Conditioning Strategies on Metal Binder Jetting with Ti-6Al-4V" untersucht Strategien zur Verbesserung der Pulververarbeitung im MBJ durch die Variation verschiedener Trocknungsparameter und die erstmalige Verwendung von Vakuumtrocknung (siehe A.3 und [40]). Diese Arbeit hat eine besonders hohe Relevanz für die Herstellung von medizinischen Bauteilen, weil sie einen Beitrag zur Implementierung von MBJ in bestehende Titan-MIM-Prozessrouten leistet. Ziel der wissenschaftlichen Untersuchung ist die Beantwortung der ersten Forschungsfrage (siehe Kapitel 3.3):

1. **Wie können geeignete Pulveraufbereitungsstrategien entwickelt werden, um die Fließ- und Verdichtungsfähigkeit von Titanpulvern mit kleinen Partikelgrößenverteilungen zu optimieren und somit die Integration in MIM-Prozessrouten zu ermöglichen?**

Bisher wird für den MBJ-Prozess häufig noch auf Pulvergrößenverteilungen zurückgegriffen, die sich in der Größenordnung zwischen Laserstrahlschmelzen und MIM befinden. Diese Pulver sind nicht nur besonders teuer, sondern haben auch den Nachteil eine andere und in der Regel schlechtere Sinterkinetik aufzuweisen als kleinere Fraktionen [11,97]. In der vorliegenden Forschungsarbeit soll daher ein Prozessverständnis erlangt werden, das die Entwicklung einer Pulverkonditionierungs-strategie ermöglicht, die einer Verarbeitung MIM-typischer Pulverfraktionen erlaubt.

4.3.1 Methodik

Die größte Herausforderung bei der Verarbeitung von feinen Pulvern ist die Fließfähigkeit und die damit verbundenen negativen Einflüsse auf die Qualität des Pulverbettes. Darüber hinaus bieten feine Pulver eine generell größere Oberfläche für die passive Oxidation. Durch die Untersuchung und Optimierung der Konditionierungs- und Trocknungsstrategie sollte die Fließfähigkeit durch eine Reduzierung des Wassergehaltes des zu untersuchenden Pulvers verbessert werden. Daher wurden insbesondere der Wassergehalt sowie die Fließfähigkeit charakterisiert. Auch die Aufnahme von Sauerstoff und Stickstoff wurde analysiert, insbesondere aufgrund der erhöhten Temperaturen während der Trocknung.

Für die Pulverkonditionierung wurde ein Vakuumtrockenschrank der Firma Memmert VO49 verwendet. Hierfür erfolgte vor Durchführung der Experimente die Festlegung eines festen Vakuum-zyklus (siehe Abbildung 4-2). Dazu wurde vor der Durchführung des Experiments ein fester Vakuum-zyklus festgelegt, der für alle Experimente verwendet wurde. Wie in Abbildung 4-2 dargestellt, beträgt das maximale Vakuum 20 mbar, das innerhalb von 16 min erzeugt werden kann. Der Druck wird nach weiteren drei Minuten auf Umgebungsdruck entspannt, so dass der gesamte Zyklus 19 Minuten dauerte. Dieser Vorgang wurde entsprechend der Gesamttrocknungszeit des jeweiligen Versuchs wiederholt.

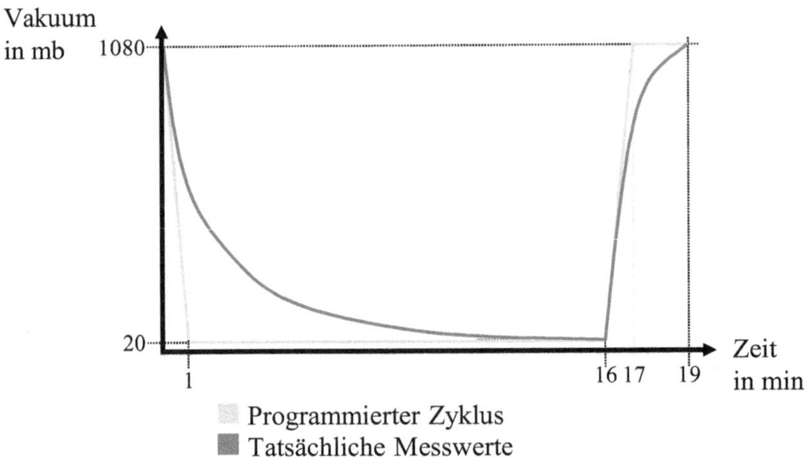

Abbildung 4-2: Vakuumzyklus für Pulvertrocknung

4.3.2 Forschungsergebnis

Die Arbeit untersuchte verschiedene Trocknungsstrategien mit dem Ziel, die Fließfähigkeit des Pulvers zu verbessern und eine optimierte Konditionierungsstrategie insbesondere für MIM-Pulver kleiner 25 µm zu entwickeln. Folgende Ergebnisse der Arbeit können festgehalten werden:

Längere und wärmere Trocknungszyklen verbessern nachweislich die Fließfähigkeit des Pulvers und reduzieren den Wassergehalt signifikant. Ein optimierter Trocknungszyklus von 6 Stunden bei 200 °C kombiniert mit einem definierten Vakuum wurde als ideal identifiziert. Es zeigte sich außerdem, dass Wassergehalt und Trocknungszeit in einer exponentiellen Beziehung stehen, wie es für Gleichgewichtsprozesse typisch ist (siehe Abbildung 4-3). Die chemischen Analysen ergaben, dass weder der Sauerstoff- noch der Stickstoffgehalt des Pulvers durch die Trocknung signifikant verändert wurden.

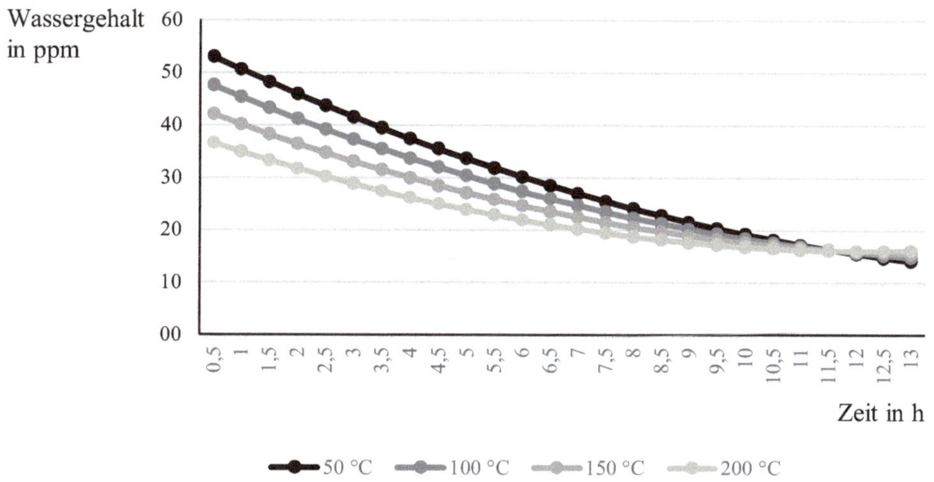

Abbildung 4-3: Wassergehalt über der Trocknungsdauer für verschiedene Temperaturen

Die Forschung konnte bestätigen, dass die Konditionierung von Ti-6Al-4V-Pulver die Fließfähigkeit und die Qualität der Grünteile erheblich verbessert. Insbesondere die Oberflächenqualität und die dimensionale Präzision der Bauteile profitieren von der Konditionierung, wodurch auch Druckfehler reduziert werden können. Die Verbesserung der Fließfähigkeit ist auch mit bloßem Auge anhand des Pulverbetts bereits erkennbar. Während unbehandeltes Neupulver zu starker Streifenbildung neigen, kann mit Hilfe der Vakuumtrocknung ein sehr glatter Pulverauftrag beobachtet werden (siehe Abbildung 4-4). Die Ergebnisse zeigen, dass die Dauer des Trocknungsprozesses einen größeren Einfluss auf die Wasserentfernung hat als die Temperatur.

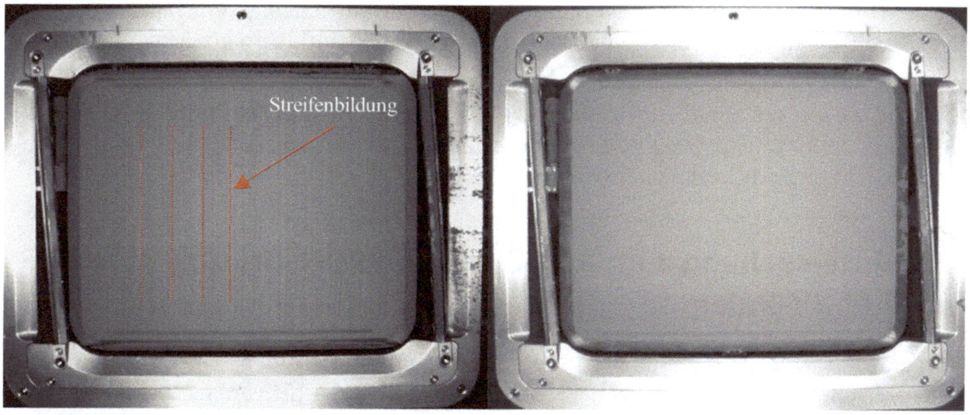

Abbildung 4-4: Pulverbett ohne (links) und mit (rechts) Vakuum-getrocknetem Ti-6Al-4V-Pulver

Längere Trocknungszeiten ermöglichen die Entfernung größerer Wasseranteile, während höhere Temperaturen die Verdampfung pro Zyklus beschleunigen. Trocknen in einer Stickstoffumgebung zeigte keine signifikanten Vorteile gegenüber der Umgebungsluft im Hinblick auf die Effizienz, bleibt jedoch aus Sicherheitsgründen relevant. Da feine Pulver, insbesondere aus reaktiven Materialien wie Ti-6Al-4V, zu Staubexplosionen neigen, ergibt hier der Ausschluss von Sauerstoff bei der Verarbeitung grundsätzlich Sinn. Während der Lagerung nimmt der Wassergehalt des konditionierten Pulvers wieder zu.

4.3.3 Erkenntnisgewinn hinsichtlich Forschungsfrage 1

Die Ergebnisse der Forschungsarbeit „Influence of Different Powder Conditioning Strategies on Me-tal Binder Jetting with Ti-6Al-4V" [40] zeigen, dass die Entwicklung gezielter Pulveraufbereitungs-strategien für Titanpulver, mit denen die Fließ- und Verdichtungsfähigkeit verbessert wird, insbesondere für die Implementierung in die MIM-Prozesskette, von entscheidender Bedeutung ist. Diese Strategien ermöglichen die Verwendung von kleinskaligen, MIM-typischen Metallpulvern, die für die Fertigung präziser und filigraner Bauteile unerlässlich sind. Ein zentrales Ziel der vorliegenden Dissertation ist die Herstellung patientenspezifischer Endoprothesen und individuell gestalteter Bau-teile, wobei die Produktionsqualität „first time right" erreicht werden soll. In diesem Kontext konnte gezeigt werden, dass gezielte Strategien zur Pulverkonditionierung unerlässlich sind, da nur so die benötigte Prozesssicherheit dargestellt werden kann.

Die Optimierung der Fließeigenschaften der verwendeten Pulver ist dabei von zentraler Bedeutung, da diese einen direkten Einfluss auf die Prozesssicherheit und -stabilität der gesamten Fertigung hat. Durch die Implementierung innovativer Pulveraufbereitungstechniken, wie dem entwickelten Trocknungsverfahren, konnten signifikante Verbesserungen in der Pulverbettqualität und damit auch für die Prozessstabilität erreicht werden. So wurde ein optimierter Trocknungszyklus identifiziert, der die Fließfähigkeit erhöht und die dimensionale Genauigkeit der hergestellten Teile deutlich verbessert.

Die Herausforderungen in Bezug auf die Prozessstabilität und -konsistenz, die durch die Variabilität der des verwendeten Pulvermaterials verstärkt werden, erfordern ein tiefes Verständnis der Wechsel-wirkungen zwischen den verschiedenen Prozessschritten. In diesem Zusammenhang konnte gezeigt werden, dass die Berücksichtigung externer Faktoren, wie der Umgebungsbedingungen und insbesondere der Luftfeuchtigkeit, entscheidend ist, da diese die Qualität der gefertigten Bauteile erheblich beeinflussen können.

Insgesamt bilden die Ergebnisse die Grundlagen für eine industrielle Anwendung von MBJ und eignen sich um die Prozessstabilität sowie die Qualität der Fertigung zu verbessern. Hierdurch kann perspektivisch die Zertifizierung der Prozesskette für die Herstellung von Medizinprodukten erleichtert werden

4.4 Untersuchung zum Aushärten von MBJ-Grünteilen aus Ti-6Al-4V-Puler

Während die Wärmebehandlungen Sintern und Entbindern durch die Verbreitung des MIM-Verfahrens Teil des Stands der Technik sind, stellt der oft vernachlässigte Aushärtungsschritt eine große Herausforderung für die Prozesssteuerung beim MBJ dar. Handlungsempfehlungen und Pro-zessführungen basieren i.d.R. auf empirischen Herleitungen mit Standardmaterialien wie Edelstahl [14] oder beziehen sich auf keramische Materialien [59,60]. Die im Rahmen der vorliegenden Arbeit entstandene Studie „Investigation on curing strategies for metal binder jetting with Ti-6Al-4V" war daher die erste umfassende Untersuchung der Aushärtung von MBJ-Grünteilen aus Ti-6Al-4V-Pulver mit einer

Pulvergrößenverteilung unter 25 µm (siehe A.4 und [42]) und soll Erkenntnisse mit Bezug zur zweiten Forschungsfrage liefern:

2. **Wie sieht eine geeignete Strategie zur Aushärtung von Titan-Grünteilen für eine effektive Entpulverung und Grünteilstabilität aus?**

4.4.1 Methodik

Die Entwicklung von Aushärtungsstrategien beinhaltet oft einen Kompromiss zwischen Grünteilfestigkeit und den Entpulverungseigenschaften. Daher wurden diese beiden Zielgrößen in den Mittel-punkt der Untersuchung gestellt. Zusätzlich wurden die Dichte der Grünteile sowie die Oberflächenrauhigkeit zur Beurteilung der allgemeinen Grünteilqualität analysiert. Abgeleitet von diesen Mess-größen wurden Probekörper definiert und im Bauraum angeordnet. Für die Aushärtungsversuche wurden drei verschiedene Haltezeiten bei konstanter Schichtdicke (42 µm) untersucht. Neben der Haltezeit wurde auch die Rampenzeit variiert. Außerdem sollte der Einfluss der Prozessatmosphäre bzw. insbesondere die An- und Abwesenheit von Sauerstoff untersucht werden. Mit Hilfe dieser veränderlichen Prozessparameter (Haltezeit, Rampenzeit, Atmosphäre) wurde ein Versuchsplan mit 8 Experimenten nach dem Box-Behnken-Design erstellt

4.4.2 Forschungsergebnis

Die Ergebnisse der wissenschaftlichen Publikation unterstreichen den erheblichen Einfluss, den Temperaturprofil – aber auch Prozessatmosphäre auf die Grünteilfestigkeit haben, was für die Handhabung und Entpulverung von entscheidender Bedeutung ist. Längere Haltezeiten führen näherungsweise linear zu höherer Grünteilfestigkeit und besseren Entpulverungsergebnissen, während die Rampenzeit nur einen geringen Einfluss zeigt. Gleichzeitig konnten kaum nennenswerte Einflüsse auf die Grüneildichte und die Oberflächengüte festgestellt werden. Diese Faktoren werden tendenziell stärker durch die Pulverbetteigenschaften beeinflusst, die bereits tiefergehend in Kapitel 4.3 untersucht wurden.

Eine zusätzliche Betrachtungsweise ist die Positionsabhängigkeit der Grünteildichte. Hier ist im Gegensatz zu den grundsätzlichen Aushärtungsparametern eine signifikante Korrelation zu beobachten (siehe Abbildung 4-5).

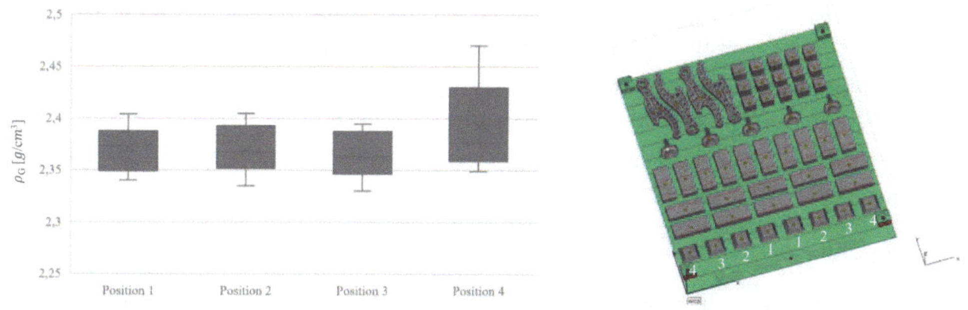

Abbildung 4-5: Grünteildichte in Abhängigkeit von der Position im Bauraum

4.4.3 Erkenntnisgewinn hinsichtlich Forschungsfrage 2

Die Ergebnisse der Forschungsarbeit „Investigation on curing strategies for metal binder jetting with Ti-6Al-4V“ [42] zeigen, dass die Entwicklung geeigneter Aushärtungsstrategien von zentraler Bedeutung ist, um eine effektive Entpulverung und die Stabilität der Grünteile zu gewährleisten. Die spezifischen Aushärtungsstrategien zielen darauf ab, die materialspezifischen Prozessparameter zu identifizieren, die es ermöglichen, im MBJ hergestellte Grünteile mit maximaler Festigkeit und hoher Dimensionstreue zu erzeugen. Diese Eigenschaften sind insbesondere für den Einsatz in der Medizintechnik entscheidend, da sie eine beschädigungsfreie und zuverlässige Entpulverung fördern und somit zu einer zertifizierbaren Prozesskette beitragen.

Die Analyse der Aushärtungsparameter, einschließlich Temperatur, Aushärtungsdauer und Atmosphäre, hat gezeigt, dass die Aushärtungsbedingungen einen signifikanten Einfluss auf die Festigkeit der Grünteile haben. Insbesondere wurde festgestellt, dass längere Haltezeiten zu einer verbesserten Stabilität der Grünteile führen, was deren Handhabung und die nachfolgende Entpulverung erleichtert. Darüber hinaus konnte eine positionale Abhängigkeit in der Dichte der Grünteile festgestellt werden, die auf unzureichende Aushärtung in bestimmten Bereichen des Druckvolumens hinweist. Diese Erkenntnisse verdeutlichen die Notwendigkeit, die Wechselwirkungen zwischen den Aushärtungsparametern und den spezifischen Eigenschaften des verwendeten Pulvers besser zu verstehen.

Die Erkenntnisse aus dieser Forschung liefern erstmals Grundlagen für den Aushärtungsschritt der MBJ-Prozesskette mit Titanpulvern und sind für die industrielle Anwendung der MBJ-Technologie, insbesondere im Hinblick auf die Herstellung von medizinischen Implantaten von großer Bedeutung.

4.5 Wiederverwendung von Ti-6Al-4V-Pulver im MBJ-Prozess

Da beim sinterbasierten MBJ-Prozess das Pulvermaterial nicht aufgeschmolzen, sondern nur gebunden wird, ist im Prinzip die volle Wiederverwendbarkeit des ungebundenen Pulvers gewährleistet. Dies erhöht sowohl die Ressourcen- als auch die Kosteneffizienz. Um dieses Potenzial auch für die sauerstoffaffine Ti-6Al-4V Legierung zu erschließen, wurde im Rahmen der wissenschaftlichen Publikation mit dem Titel „Recycling of Ti-6Al-4V Powder in Metal Binder Jetting“ die Auswirkung des Pulverrecyclings im Hinblick auf die Handhabung und thermische Einflüsse untersucht (siehe A.5 und [41]) um Erkenntnisse hinsichtlich der dritten und letzten Forschungsfrage zu gewinnen:

3. **Wie wirtschaftlich und ressourceneffizient kann eine MBJ-Prozesskette zur Herstellung von Titanbauteilen umgesetzt werden?**

Hierbei wurde die zuvor in Kapitel 4.3 entwickelte Strategie zur Pulverkonditionierung und damit verbundene Vakuumtrocknung verwendet.

4.5.1 Methodik

Die Experimente der Arbeit wurden in zwei verschiedenen Strategien durchgeführt (siehe auch [41]):

1. Einflüsse durch das Recycling über die gesamte Prozesskette: Hier wurden insgesamt vier Zyklen betrachtet, wobei jeweils alle Prozessschritte (Pulverkonditionierung, Siebung, Druckprozess, Aushärten, Entpulvern) durchlaufen wurden.
2. Thermische Einflüsse durch das Recycling: Hier wurden die Untersuchungen rein auf die Prozessschritte mit thermischen Einflüssen, d.h. Pulverkonditionierung und Aushärtung, beschränkt. Insgesamt wurden hier 15 Zyklen betrachtet.

Diese beiden Strategien ermöglichen es, die thermischen Einflüsse insbesondere für eine höhere Anzahl von Zyklen zu quantifizieren, da dies aufgrund der für die gesamte Prozesskette benötigten Pulvermengen aufgrund von Verlusten während des Prozesses wirtschaftlich nicht vertretbar gewesen wäre.

Die Charakterisierung des Pulverzustands umfasste Messungen der Partikelgrößenverteilung (PSD) und der Sphärizität mittels dynamischer Bildanalyse nach DIN ISO 13322-2 (Microtrac CAMSIZER X2). Angesichts der inhärenten Tendenz von Titanlegierungen Sauerstoff und Stickstoff aufzunehmen und in Anbetracht der Tatsache, dass das Pulver während der Konditionierung und Aushärtung Temperaturen von bis zu 200 °C ausgesetzt ist, wurden die Gehalte dieser Elemente mithilfe von Infrarotabsorption für Sauerstoff und Wärmeleitfähigkeitszellen für Stickstoff quantifiziert. Zur Be-wertung der Fließfähigkeit wurden der dynamische Schüttwinkel und der Kohäsionsindex mit Hilfe der Rotationstrommelanalyse (GranuDrum, Fa. GranuTools) gemessen, wobei die Rotationsgeschwindigkeit der Trommel an die Beschichtungsgeschwindigkeit des MBJ-Druckers angepasst wurde. Hierdurch entsteht ein umfassender Datensatz aus mehreren Bildern und Drehrichtungen, der trotz der Herausforderungen der Fließeigenschaften des Pulvers Genauigkeit gewährleistet.

4.5.2 Forschungsergebnis

Die wichtigsten Ergebnisse der Untersuchung beziehen sich auf den Sauerstoff- sowie den Stick-stoffgehalt nach den jeweiligen Rezyklierungszyklen. Die ASTM F-2885 definiert Maximalwerte dieser Elemente für Medizintechnikbauteile aus Ti-6Al-4V. Hintergrund hierfür ist die Herabsetzung mechanischer Eigenschaften und Versprödung, die durch hohe Sauerstoff- und Stickstoffwerte aus-gelöst wird. Dem Sauerstoff-Äquivalent folgend ist Stickstoff hierbei sogar doppelt so effektiv wie Sauerstoff [109]. Sowohl bei der Sauerstoff- als auch bei der Stickstoffaufnahme ist ein Passivierungseffekt zu beobachten. Direkt bei der ersten Verwendung des Neupulvers ist ein kleiner Anstieg (0,05 % Sauerstoff und 0,006 % Stickstoff) der Werte zu verzeichnen, der in einem annehmbaren Rahmen liegt (siehe Abbildung 4-6 für Sauerstoff). Danach bleiben die Werte für alle Versuche in einem ähnlichen Bereich und schwanken kaum noch. Daher ist eine aktive Oxidation oder Stickstoffabsorption auszuschließen.

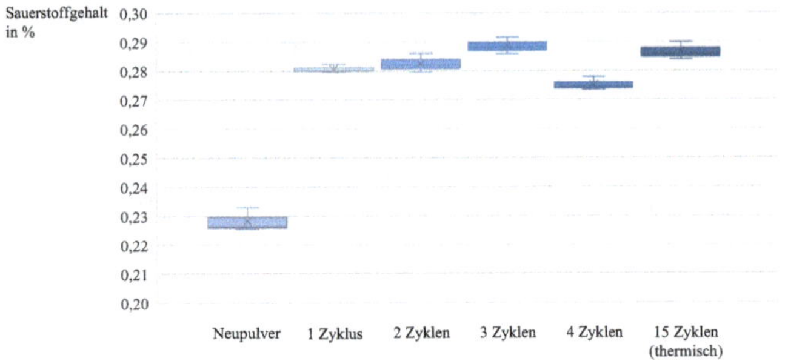

Abbildung 4-6: Sauerstoffgehalt in verschiedenen Recyclingstufen

Die Untersuchungen im Rahmen der Studie verdeutlichen großes Potenzial sowohl für die wirtschaftliche Effizienz als auch die ökologische Nachhaltigkeit der MBJ-Prozesskette, da entscheiden-de Verunreinigungen des Materials effektiv vermieden werden können. Die Studie zeigte, dass selbst nach viermaliger Wiederverwendung des Pulvers nur minimale Änderungen in der Partikelgrößen-verteilung auftraten, die Fließeigenschaften verbessert wurden und selbst nach 15 Konditionierungs- und Aushärtungszyklen keine signifikante Aufnahme von Sauerstoff oder Stickstoff nachweisbar war. Diese Ergebnisse untermauern die Wirksamkeit fortschrittlicher Konditionierungsstrategien, die die Qualität und Leistungsfähigkeit von MBJ-Prozessen aufrechterhalten.

4.5.3 Erkenntnisgewinn hinsichtlich Forschungsfrage 3

Die Publikation zur Wirtschaftlichkeit und Ressourceneffizienz von MBJ-Prozessketten bei der Her-stellung von Titanbauteilen mit dem Titel „Recycling of Ti-6Al-4V Powder in Metal Binder Jetting" zeigt ein erhebliches Potenzial zur Kostenreduktion und Ressourcennutzung durch die Wiederverwendung der eingesetzten Titanpulver. Die durchgeführte Forschungsarbeit konzentriert sich auf wesentliche Schlüsselfaktoren wie die Aufnahme von Verunreinigungen, die Dimensionstreue über mehrere Wiederverwendungen sowie die allgemeine Qualität der Grünteile.

Die Ergebnisse der Forschung zeigen, dass auch nach bis zu vier Recyclingzyklen die Änderungen in der Partikelgrößenverteilung minimal bleiben und die Fließeigenschaften der Pulver sich tendenziell verbessern. Zudem wurde festgestellt, dass die Verunreinigungen durch Sauerstoff und Stickstoff auch über viele Zyklen nicht in einem kritischen Maß ansteigen, was die Sicherheit und Effizienz der gesamten Prozesskette zeigt. Die Hypothese, dass MBJ eine uneingeschränkte Wiederverwendung der eingesetzten Pulver erlaubt, kann in diesem Zuge selbst für die sauerstoffaffine Legierung Ti-6Al-4V bestätigt werden. Insgesamt kann festgehalten werden, dass eine kosteneffiziente und ressourcenschonende Prozessgestaltung möglich ist, die den hohen Anforderungen der Medizintechnik gerecht wird.

5 Ökonomische Potenzialanalyse

Im Rahmen der Potenzialerschließung des MBJ wurde die Prozesskette hinsichtlich ihrer technischen Aspekte wissenschaftlich untersucht und optimiert. Dieses Kapitel widmet sich der Analyse der ökonomischen Potenziale, die durch den Einsatz dieser Technologie in spezifischen Anwendungsbereichen erschlossen werden können. Dabei stehen insbesondere die möglichen Kosteneinsparungen und Effizienzsteigerungen im Vergleich zum verbreiteten L-PBF-Verfahren im Vordergrund.

Zunächst erfolgt eine detaillierte Analyse der Material- und Betriebskosten sowie der Amortisations-potenziale von MBJ-Systemen in unterschiedlichen Szenarien (Kapitel 5.1). Anschließend wird auf Grundlage des entwickelten Kostenmodells anhand der Demonstratoranwendung „patientenindividuelle Hüftpfanne" eine Wirtschaftlichkeitsbetrachtung durchgeführt, um das industrielle Potenzial abzuschätzen (Kapitel 5.1.1).

Dieses Kapitel leistet somit einen Beitrag zur Quantifizierung und Einordnung der ökonomischen Potenziale des MBJ und liefert gleichzeitig Entscheidungsgrundlagen für den Einsatz dieser Technologie in der Praxis.

K. Janzen, *Potenzialerschließung des Metal Binder Jetting für die Medizintechnik*,
Light Engineering für die Praxis, https://doi.org/10.1007/978-3-662-72471-2_5

5.1 Kostenmodell

Das Kostenmodell für den MBJ-Prozess muss alle relevanten Prozessschritte enthalten, um eine möglichst realitätsnahe Vorabeinschätzung zu erlauben. Zusätzlich erfolgt eine vergleichbare Kostenanalyse für den L-PBF-Prozess, um das mögliche Industrialisierungspotenzial besser bewerten zu können. Bei beiden Verfahren wird davon ausgegangen, dass Nachbearbeitungsschritte wie Sand-strahlen und HIP gleichermaßen notwendig sind. Daher wird für den Vergleich der Zustand as-built (wie gedruckt) herangezogen. Die in dieser Arbeit betrachteten Prozessschritte sind in Tabelle 2 zusammengefasst. Für MBJ sind das die Pulverkonditionierung nach den Erkenntnissen aus Kapitel 4.3, die Formgebung mittels BJT, das Aushärten gemäß Kapitel 4.3.3, das Entpulvern und die nach-gelagerten Wärmebehandlungsschritte Entbindern und Sintern. Die betrachteten Schritte für den L-PBF-Prozess können der Tabelle entnommen werden.

Tabelle 5.1: Im Kostenmodell betrachtete Prozessschritte

MBJ	L-PBF
➢ Pulverkonditionierung	➢ Pulverkonditionierung
➢ Formgebung	➢ Formgebung (L-PBF-Prozess)
➢ Aushärten	➢ Entpulvern
➢ Entpulvern	➢ Wärmebehandlung (Spannungsarm Glühen)
➢ Wärmebehandlung (Entbindern und Sintern)	➢ Trennen von der Bauplattform
	➢ Entfernen von Stützstrukturen

Im folgenden Abschnitt werden die wirtschaftlichen Bewertungskriterien eingeführt. Die Stückkosten K_{Stk} setzen sich aus den Materialkosten K_{Mat}, den Energiekosten K_E, den Maschinenkosten K_M sowie den Personalkosten K_P zusammen. Diese werden jeweils als Gesamtkosten für eine bestimmte Losgröße berechnet und anschließend durch die jeweilige Stückzahl n_{Lot} geteilt. Diese Berechnung wird analog für jeden Prozessschritt durchgeführt, wobei K_P immer alle anfallenden Personalkosten enthält, die für manuelle Prozessschritte benötigt werden (Rüsten, Entpulvern, Entfernen von Supportstrukturen). Die Berechnung der Stückkosten K_{Stk} ist in Formel (5.1) zusammengefasst:

$$K_{Stk} = \frac{K_{Mat} + K_E + K_M + K_P}{n_{Lot}} \tag{5.1}$$

5.1.1 Materialkosten

Die Materialkosten K_{Mat} werden in diesem Unterkapitel anhand der reinen Pulverkosten erklärt. Es gilt jedoch zu beachten, dass sich die Materialkosten in der Berechnung je nach Prozessschritt auch auf Prozessgase und weitere Verbrauchsmittel wie z.B. Binder beziehen können. Die Berechnung erfolgt in diesen Fällen analog zu den Pulverkosten.

Die Materialkosten werden zunächst anhand des Bauteilvolumens pro Stück berechnet. Hierbei fließen der Herstellerpreis des jeweiligen Materials k_P, die Klopfdichte des Pulvers ρ_{Tap}, das Bauteilvolumen V_{Part}, der Skalierungsfaktor f_s, sowie der geschätzte Materialverlustfaktor f_V und ergeben sich zusammen mit der Losgröße n_{Lot} zu Formel (5.2) für die Materialkosten:

$$K_{Mat} = k_P \cdot \rho_{Tap} \cdot V_{Part} \cdot f_s \cdot f_V \cdot n_{Lot} \tag{5.2}$$

5.1.2 Energiekosten

Die Energiekosten K_E werden über den aktuellen Strompreis k_E, die Leistungsaufnahme der jeweiligen Anlage P sowie die produktivitätsabhängige Fertigungszeit t_{Lot} der gesamten Losgröße berechnet.

$$K_E = k_E \cdot P \cdot t_{Lot} \tag{5.3}$$

5.1.3 Maschinenkosten

Die Maschinenkosten K_M enthalten in erster Linie die Abschreibungskosten der verwendeten Anlagentechnik. Da Anschaffungskosten für Metall-AM-Anlagen weiterhin vergleichsweise hoch sind, spielt hier die Abschreibungsdauer eine sehr große Rolle und ist auch letztendlich einer der einflussreichsten Faktoren für die Stückkosten. Dies sollte bei Vergleichen stets beachtet werden. Die Maschinenkosten berechnen sich somit nach dem Kaufpreis einer Anlage K_{Anlage} und der Anzahl der für die Produktion benötigten Einheiten n_M:

$$K_M = n_M \cdot K_{Anlage} \tag{5.4}$$

Da die Kostenberechnung stückzahlabhängig und für einen Einsatz im industriellen Umfeld funktionieren soll, wird zunächst jeweils die benötigte Anzahl Anlagen n_M berechnet. Diese ist in erster Linie abhängig von der Produktivität (im betriebswirtschaftlichen Sinne die Maschinenproduktivität [100]) MP, dem während der Abschreibungsdauer zu fertigenden Bauteilvolumen V_{ges}, der Auslastung U, sowie der Gesamtarbeitszeit t_{ges}:

$$n_M = \frac{V_{ges}}{MP \cdot U \cdot t_{ges}} \tag{5.5}$$

Das Ergebnis von n_M wird naturgemäß aufgerundet. Die Gesamtarbeitszeit t_{ges} ergibt sich aus der Anzahl der Werktage pro Jahr n_{WD}, den maximalen Arbeitsstunden pro Tag n_{WH} sowie der Abschreibungsdauer t_{Dep}:

$$t_{ges} = n_{WD} \cdot n_{WH} \cdot t_{Dep} \tag{5.6}$$

Die Maschinenproduktivität ist einer der entscheidendsten Faktoren bei der Berechnung von Fertigungskosten und sollte daher möglichst genau bestimmt werden, statt z.B. Herstellerangaben zum reinen Durchsatz einer Anlage heranzuziehen. In dieser Arbeit geschieht dies durch Bestimmung (z.B. durch eine Testfertigung) der Zeit t_{PJ}, die der konkrete Fertigungsdurchgang benötigt, die Anzahl der Bauteile n_{PJ} die in den Bauraum passen, sowie dem Bauteilvolumen V_{Part}:

$$MP = \frac{n_{PJ} \cdot V_{Part}}{t_{PJ}} \tag{5.7}$$

Das zu produzierende Gesamtvolumen V_{ges} ergibt sich aus Losgröße n_{Lot}, Abschreibungsdauer t_{Dep} und Bauteilvolumen V_{Part} zu:

$$V_{ges} = n_{Lot} \cdot t_{Dep} \cdot V_{Part} \tag{5.8}$$

5.1.4 Personalkosten

Die Personalkosten K_P enthalten, wie oben beschrieben, alle Kosten, die bei manuell durchzuführenden Schritten der Fertigung anfallen. Für MBJ wird hier insbesondere das arbeitsintensive Entpulvern einbezogen, für den Vergleichsprozess L-PBF die Entfernung von Stützstrukturen. Da insbesondere die manuellen Arbeitsvorgänge in ihrer Produktivität sehr volatil sind, ist hier nur eine ungefähre Abschätzung möglich, die im Betreib regelmäßig mit der Realität abgeglichen werden sollte. Die Personalkosten berechnen sich wie folgt:

$$K_P = K_{HR} \cdot t_{HR} \tag{5.9}$$

Der angenommene Stundensatz K_{HR} wird für die späteren Berechnungen mit 30 €/h angenommen. Die Gesamtarbeitszeit t_{HR} berechnet sich aus der manuellen Arbeitszeit je Prozess t_P sowie der Anzahl Prozesse n_P, die für die Abarbeitung der gesamten Losgröße benötigt wird:

$$t_{HR} = n_P \cdot t_P \tag{5.10}$$

Die Prozessanzahl n_P ergibt sich damit zu:

$$n_P = \frac{n_{Lot}}{n_{PJ}} \tag{5.11}$$

5.2 Wirtschaftlichkeitsbetrachtung

Die Wirtschaftlichkeit neuer Fertigungstechnologien spielt eine entscheidende Rolle bei der Entscheidungsfindung in der Industrie, insbesondere im Hinblick auf die Implementierung additiver Fertigungsverfahren wie MBJ. In diesem Kapitel werden die Aspekte der Demonstratorauswahl und der Potenzialbewertung im industriellen Kontext untersucht, um die ökonomischen Vorteile und Herausforderungen zu beleuchten.

Das Unterkapitel 5.2.1 Demonstratorauswahl konzentriert sich auf die Auswahl eines geeigneten Anwendungsbeispiels, das die Relevanz von MBJ in dem spezifischen Industriezweig Medizintechnik verdeutlicht. Hierbei wird die patientenspezifische Hüftpfanne als Demonstrator herangezogen, um die Anforderungen und Herausforderungen im Bereich der Medizintechnik zu analysieren. Dieser Ansatz ermöglicht es, praktische Vorteile zu quantifizieren und zu verdeutlichen, wie MBJ zur Verbesserung der aktuellen Versorgung beitragen kann.

Im Anschluss daran erfolgt in 5.2.2 eine Potenzialbewertung, die darauf abzielt, die ökonomischen Perspektiven von MBJ im Vergleich zu etablierten Verfahren wie L-PBF zu bewerten. Durch die Analyse von Kostenstruktur, Produktionszeiten und Materialeffizienz wird ein umfassendes Bild der Wettbewerbsfähigkeit von MBJ im industriellen Kontext gezeichnet. In Kombination bieten die beiden Unterkapitel wertvolle Erkenntnisse, die nicht nur für die Medizintechnik, sondern auch für andere Anwendungsbereiche von Bedeutung sind und eine fundierte Grundlage für zukünftige Investitionsentscheidungen schaffen. In 5.2.3 erfolgen – basierend auf den separat veröffentlichten Ergebnissen zur Prozessgestaltung sowie der ökonomischen Potenzialbewertung – Überlegungen zur Ressourcen- und Materialeffizienz.

5.2.1 Demonstratorauswahl

Zur konkreten Anwendung des Kostenmodells und als Beispiel zur Bewertung des ökonomischen Potenzials wird eine patientenspezifische Hüftpfanne der Firma AQ Solutions als Demonstrator gewählt (siehe Abbildung 5-1). Die Hüftpfanne ist ein entscheidendes Bauteil für Patienten mit Hüftgelenkserkrankungen, wie Arthrose oder Hüftdysplasie, die häufig zu starken Schmerzen und Bewegungseinschränkungen führen. Eine Hüftgelenksoperation, bei der die Hüftpfanne implantiert wird, ist oft eine notwendige Maßnahme zur Wiederherstellung der Mobilität und Lebensqualität. Aufgrund der hohen Inzidenz solcher Erkrankungen ist die ökonomische Bedeutsamkeit der Hüftpfanne unbestritten; sie stellt einen wesentlichen Bestandteil im Bereich der orthopädischen Implantate dar und beeinflusst damit die Gesundheitskosten erheblich.

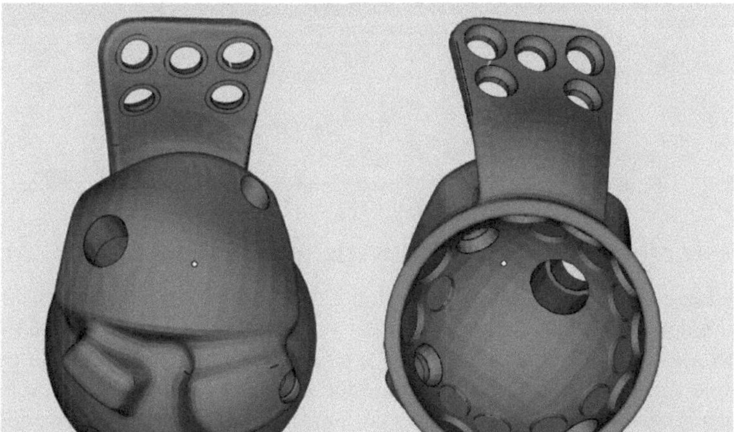

Abbildung 5-1: Demonstratorbauteil: Patientenindividuelle Hüftpfanne

AM und insbesondere MBJ, bietet in diesem Kontext entscheidende Vorteile. Durch die Möglichkeit, patientenspezifische Implantate direkt aus digitalen Modellen zu fertigen, kann die Passgenauigkeit und Individualisierung der Hüftpfanne erheblich verbessert werden. Dies führt nicht nur zu einer besseren anatomischen Anpassung, sondern kann auch die Operationszeiten und die Komplikationsraten senken, was letztendlich die wirtschaftliche Effizienz steigert.

Im Vergleich zum etablierten Laserstrahlschmelzen (L-PBF) bietet MBJ hier mehrere Vorteile: Zum einen könnte MBJ eine kostengünstigere und schnellere Produktion von komplexen Geometrien ermöglichen, was für die Herstellung individueller Implantate von großer Bedeutung ist. Zum anderen kann MBJ bei der Verarbeitung von Titanlegierungen Ressourcen effizienter nutzen, was zu einer Reduzierung der Materialkosten führt (siehe auch 4.4.3). Darüber hinaus bietet die Technologie durch den Wegfall von Stützstrukturen eine noch größere Flexibilität in der Gestaltung, sodass patientenindividuelle Varianten leichter umgesetzt werden können. In Abbildung 5-2 ist die Demonstratoranwendung in Anlehnung an [69] nach Komplexität und Stückzahl gegenüber der Vergleichstechnologie L-PBF eingeordnet.

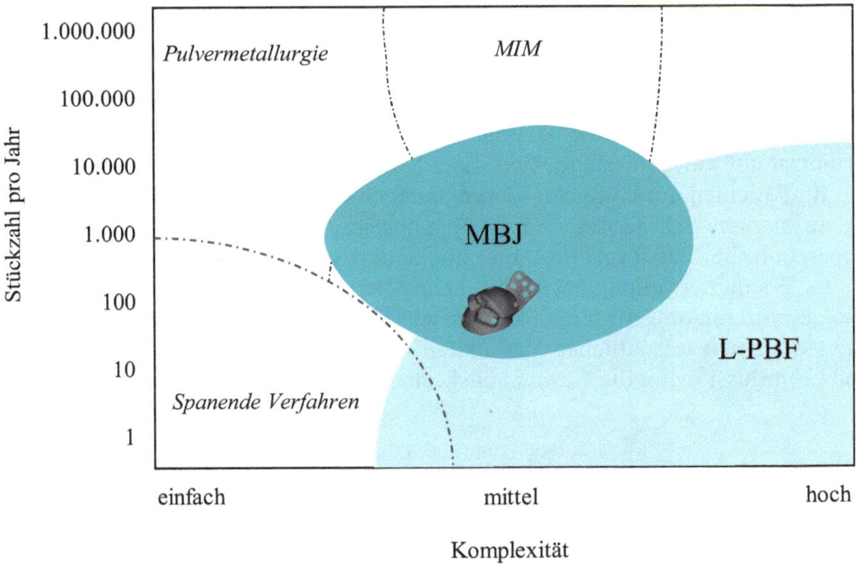

Abbildung 5-2: Einordnung der Demonstratoranwendung nach Stückzahl und Komplexität [69]

5.2.2 Potenzialbewertung im industriellen Umfeld

Um das Potenzial der Demonstratoranwendung Hüftpfanne gut abschätzen und mit dem derzeit verwendeten Fertigungsprozess L-PBF vergleichen zu können, wird der gesamte Fertigungsprozess in einer entsprechenden Datenaufbereitungssoftware (Materialise Magics 28.0) vorbereitet und vor-geplant, um die für das Kostenmodell benötigten Parameter zu bestimmen. In Abbildung 5-3 ist die Bauraumbelegung auf der verwendeten MBJ-Anlage DMP 2500 dargestellt.

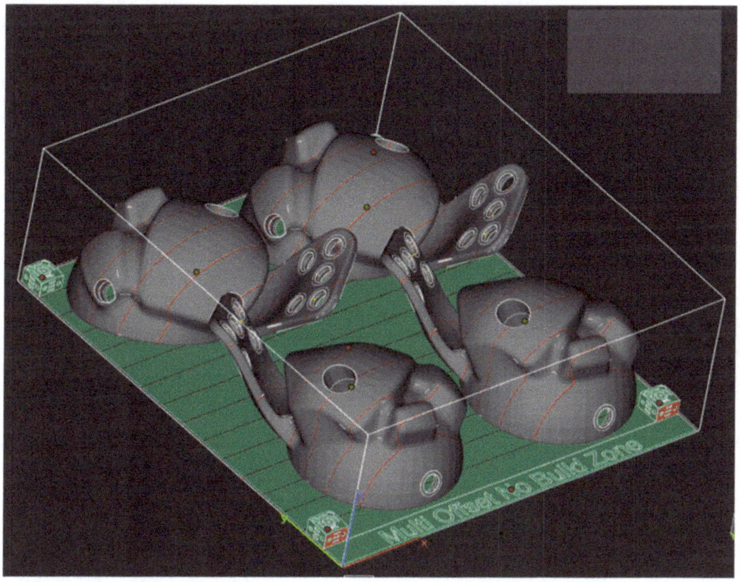

Abbildung 5-3: Bauraumbelegung gemäß Demonstratoranwendung

Aus der gezeigten Bauraumbelegung ergibt sich eine Bauhöhe von 52 mm, ein Bauteilvolumen von 71,04 cm³ (skaliert gemäß erwartetem Sinterschrumpf), sowie eine Bauraumbelegung von 15 %. Auf Grundlage des in 5.1 erläuterten Kostenmodells wurde ein VBA-Berechnungstool in Microsoft Excel (Version 2108) entwickelt, in das die ermittelten Eckdaten eingepflegt werden können, um eine stückzahlabhängige Kostenabschätzung zu erhalten. Zusätzlich müssen Randinformationen wie die Abschreibungsdauer der verwendeten Anlagentechnik, aktuelle Kosten für Verbrauchsmaterialien oder die maximal mögliche Auslastung angegeben werden. Zum Vergleich wird ein L-PBF-System mit zwei sowie eines mit 4 Lasern (NIKON SLM Solutions 280 bzw. 500) herangezogen. Das Ergebnis der Berechnung für die betrachtete Hüftpfanne ist in Abbildung 5-4 dargestellt.

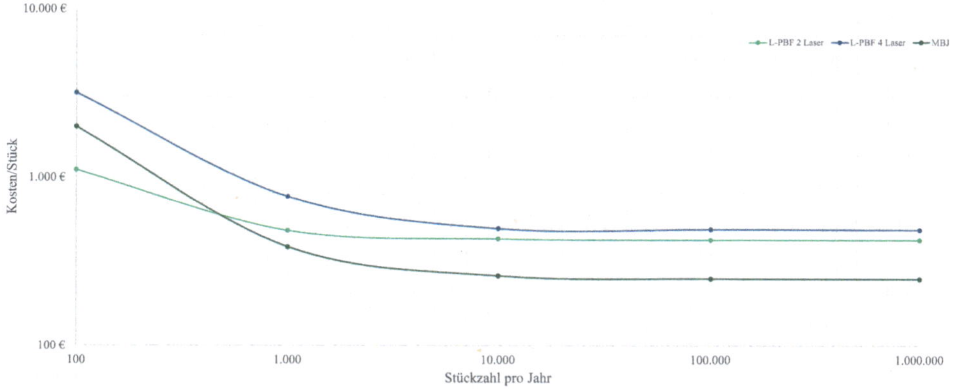

Abbildung 5-4: Ergebnis der Kostenberechnung für den Demonstrator Hüftpfanne

Die Kostenberechnung zeigt zunächst, dass im Kontext der Demonstratoranwendung die große 4-Laser-L-PBF-Anlage unabhängig von der Losgröße keine Kostenvorteile gegenüber den anderen beiden Fertigungsvarianten bietet. Zur besseren Übersicht sind die ermittelten Stückkosten nochmal in Tabelle 5.2 zusammengefasst.

Tabelle 5.2: Berechnete Stückkosten nach Losgröße für die Demonstratoranwendung

Fertigungsvariante / Losgröße	L-PBF 2 Laser	L-PBF 4 Laser	MBJ
100	1.111 €	3.172 €	1.996 €
1.000	483 €	768 €	385 €
10.000	432 €	496 €	260 €
100.000	425 €	491 €	250 €
1.000.000	425 €	488 €	249 €

Bei der Berechnung der Kosten ist besonders zu beachten, dass niedrige Losgrößen tendenziell hohe Stückkosten verursachen. Dies liegt daran, dass angenommen wird, dass die gesamte für die Prozessroute erforderliche Anlagentechnik über die Fertigung der Demonstratoranwendung abgeschrieben wird. Während die Stückkosten der MBJ-Prozesskette bei einer Losgröße von etwa 10.000 Stück relativ stabil sind und gegen einen Grenzwert konvergieren, zeigt die kleinere L-PBF-Anlage bereits bei etwa 1.000 Stück eine ähnliche Tendenz.

Das betrachtete Szenario verdeutlicht, dass je nach Losgröße sowohl der L-PBF-Prozess mit einer kleineren Anlage als auch die MBJ-Prozesskette wirtschaftlich sinnvoll sein können. Der Kipppunkt, an dem sich die Wirtschaftlichkeit der beiden Verfahren angleicht, liegt bei einer jährlichen Losgröße von etwa 400 Bauteilen. In der Praxis würde sich diese Losgröße wahrscheinlich auf verschiedene Varianten der Hüftpfanne sowie auf andere realisierbare Endoprothesen und Medizintechnikprodukte verteilen, was bedeutet, dass dieser Kipppunkt möglicherweise früher erreicht werden könnte. Bei einer jährlichen Losgröße von 1.000 können entsprechend der Berechnungen Kostensenkungen von über 20 % gegenüber dem L-PBF-Verfahren erwartet werden.

Zusätzlich ist eine differenzierte Analyse der spezifischen Anforderungen der einzelnen Produkte und ihrer Produktionsvolumina sinnvoll. Bei der Entscheidung, ob L-PBF oder MBJ für ein bestimmtes Produkt besser geeignet ist, spielen zudem weitere, bisher nicht genannte Faktoren eine Rolle. Dazu gehört unter anderem die maximal umsetzbare Produktgröße. Während die hier unter-suchte Hüftschale in beiden Verfahren gut realisierbar ist, kann das Gegenstück, der sogenannte Schaft, bisher nur im L-PBF-Prozess gefertigt werden. Sinterbasierte Fertigungsverfahren haben den Nachteil, dass bei großen Bauteilen mit erheblichen Materialanhäufungen ein inhomogener Schrumpf im Sinterprozess zu Verzug und im schlimmsten Fall zu Rissen im Bauteil führen kann [29]. Eine flexible Anpassung der Fertigungsstrategie könnte dazu beitragen, die Effizienz weiter zu steigern und die Kosten zu optimieren. Die Berücksichtigung von Faktoren wie Materialkosten, Produktionszeiten und Marktbedingungen wird ebenfalls entscheidend sein, um eine fundierte Entscheidung über das optimale Verfahren zu treffen.

5.2.3 Ressourceneffizienz

Die Additive Fertigung hat die moderne Fertigung revolutioniert, indem sie beispiellose Gestaltungs-freiheit und Materialeffizienz bietet [26,33,43,66,89]. Unter den AM-Techniken stellen L-PBF und MBJ zwei unterschiedliche Ansätze zur Herstellung von Metallteilen dar. Während beide Verfahren danach streben in Branchen wie der Luft- und Raumfahrt, der Automobilindustrie und der Medizin-technik Anwendung zu finden, divergiert ihre Ressourceneffizienz erheblich aufgrund von Unter-schieden in der Prozessmechanik, der Materialnutzung und den Energieanforderungen.

L-PBF beinhaltet das selektive Schmelzen von Metallpulver unter Verwendung eines leistungsstarken Lasers. Die Notwendigkeit von Stützstrukturen bei vielen Geometrien führt jedoch häufig zu Materialabfällen während der Nachbearbeitungsphase. Darüber hinaus erfordert L-PBF eine strenge Kontrolle über die Pulverqualität, was bedeutet, dass teilweise degradierte oder oxidierte Pulver häufiger verworfen oder downgecycelt werden müssen [18,89,105]. Im Gegensatz hierzu bietet MBJ durch den Wegfall des Lasers ein deutlich höheres Potenzial durch die Wiederverwendung von ungebundenem Pulver eine effizientere Prozessgestaltung zu erhalten [41,49,57,58]. Anders als bei L-PBF erfordert der Druckprozess von MBJ keine Stützstrukturen, wodurch fast das gesamte ungebundene Pulver mit minimaler Degradation recycelt werden kann. Diese Eigenschaft, kombiniert mit geringeren Anforderungen an die Pulverqualität, verbessert die Materialeffizienz von MBJ erheblich. An dieser Stelle wäre eine genauere Spezifizierung der höheren Recyclingrate wünschenswert. Diese gestaltet sich jedoch aus mehreren Gründen ausgesprochen schwierig. Zum einen fehlen ins-besondere zum MBJ wissenschaftliche Arbeiten, die sich mit der Wiederverwendung reaktiver Materialien wie Ti-6Al-4V beschäftigen. Die in dieser Dissertation vorgestellte Studie kann hier nur den ersten Schritt in diese Richtung bieten [41]. Zum anderen hängen konkrete Recyclingraten in der Industrie von vielen Faktoren ab und werden von den produzierenden Unternehmen selten öffentlich kommuniziert. Es bleibt jedoch festzuhalten, dass MBJ hier ein großes bisher kaum genutztes Potenzial bietet und die in dieser Arbeit vorgestellten Ergebnisse zum Materialrecycling sehr vielversprechend sind.

Der Energiebedarf in L-PBF ist aufgrund der Verwendung eines fokussierten Lasers zum Schmelzen des Pulvers bemerkenswert hoch [46,74]. Die Aufrechterhaltung einer inertisierten Atmosphäre während des gesamten Prozesses verbraucht zudem erhebliche Ressourcen. Die hohen Verarbeitungstemperaturen verschärfen die Energieineffizienzen, insbesondere bei kleinen Produktionsläufen. Im Gegensatz dazu arbeitet MBJ auf deutlich niedrigeren Energieniveaus, da Binder verwendet wird, um das Pulver zu verbinden, anstatt es mit einem Laser zu schmelzen. Die Energieanforderungen entstehen hauptsächlich während des Sinterns, die, obwohl sie erheblich sind, oft geringer aus-fallen als der Energieverbrauch L-PBF-Prozessen.

Die Pulvermerkmale differenzieren die beiden Technologien weiter. L-PBF-Pulver müssen strenge Kriterien bezüglich der Korngrößenverteilung und der Sphärizität erfüllen, um eine konsistente Schichtverteilung und Schmelzung zu gewährleisten [52,89]. Degradierte Pulver weisen oft eine schlechtere Fließfähigkeit auf und können zu Defekten führen, was ihre Wiederverwendung ein-schränkt [18,105]. MBJ hingegen ist toleranter gegenüber der Pulverqualität, was die Verwendung von feineren oder weniger sphärischen Pulvern ermöglicht [40,63,64,107]. Das Fehlen thermischer Zyklen während des Druckens reduziert das Risiko der Oxidation und erhält die Pulverqualität für längere Zeit [41,108].

Während L-PBF eine hochpräzise Fertigung ermöglicht, wird die allgemeine Ressourceneffizienz durch den hohen Energieverbrauch und die Abfallproduktion während der Nachbearbeitung beeinträchtigt. MBJ hingegen zeichnet sich durch die Wiederverwendung von Pulver und reduzierte Energieanforderungen während des Druckens aus und positioniert sich somit als nachhaltigere Alternative. Im direkten Vergleich zeigt MBJ eine überlegene Ressourceneffizienz in Bezug auf Materialnutzung und Energieverbrauch. Das Fehlen von Anforderungen an Stützstrukturen und die Fähigkeit, Pulver ohne strenge Qualitätskontrollen wiederzuverwenden, tragen erheblich zu diesem Vorteil bei.

Während L-PBF aktuell noch weiterhin die bevorzugte Technologie für Hochleistungsanwendungen bleibt, die komplexe Designs und überlegene Materialeigenschaften erfordern, machen Aspekte wie Ressourcen- und Energieeffizienz MBJ zu einem starken Mitbewerber für kostensensible und nachhaltigere Fertigungsszenarien. Dieses Gleichgewicht zwischen Präzision, Effizienz und Nachhaltigkeit stellt sicher, dass beide Technologien weiterhin eine zentrale Rolle in der sich entwickelnden Landschaft der additiven Fertigung spielen werden.

6 Fazit und Ausblick

Im Folgenden werden die wesentlichen Ergebnisse und Erkenntnisse der vorliegenden Dissertation anhand der in Kapitel 3.3 definierten Forschungsfragen zusammengefasst und interpretiert. Basierend auf den Arbeitsergebnissen erfolgt außerdem nachfolgend ein Ausblick auf eine mögliche Weiterführung der dargestellten Forschung.

6.1 Zusammenfassung

Zur besseren Übersicht werden die in 3.3 bereits genannten Forschungsfragen an dieser Stelle wiederholt und soweit möglich anhand der Ergebnisse der Dissertation beantwortet:

1. **Wie können geeignete Pulveraufbereitungsstrategien entwickelt werden, um die Fließ- und Verdichtungsfähigkeit von Titanpulvern mit kleinen Partikelgrößenverteilungen zu optimieren und somit die Integration in MIM-Prozessrouten zu ermöglichen?**

Im Rahmen der Studie in Kapitel 4.3 und [40] wurden verschiedene Pulveraufbereitungsstrategien zur Optimierung der Fließ- und Verdichtungsfähigkeit von Ti-6Al-4V-Pulver im MBJ-Prozess unter-sucht, um die Integration der Technologie in bestehende MIM-Prozessrouten zu ermöglichen. Ziel war es daher, die Herausforderungen der Fließfähigkeit und des Packungsverhaltens feiner Pulver mit kleinen Partikelgrößen zu adressieren.

Die Untersuchung umfasst mehrere Trocknungsparameter (Zeit und Temperatur), die in einem statistischen Versuchsdesign festgelegt wurden. Es wurde festgestellt, dass eine Trockenzeit von 6 Stunden bei 200 °C die Fließfähigkeit signifikant verbessert und den Feuchtegehalt des Pulvers reduziert. Die Ergebnisse zeigen eine Verbesserung der dimensionalen Genauigkeit der hergestellten Teile von ±1,5 % auf 0,3 % und eine gleichmäßigere Struktur des Pulverbetts.

Durch praktische Tests wurde die Qualität der Grünteile mit unaufbereitetem und optimiertem Pulver verglichen, wobei die Ergebnisse die Notwendigkeit der Pulveraufbereitung unterstreichen. Zu-dem wurde festgestellt, dass die Sauerstoff- und Stickstoffgehalte im Pulver während des Trocknungsprozesses nicht signifikant anstiegen, was den uneingeschränkten Einsatz für Medizintechnik-Produkte und insbesondere Endoprothesen sicherstellt.

K. Janzen, *Potenzialerschließung des Metal Binder Jetting für die Medizintechnik*,
Light Engineering für die Praxis, https://doi.org/10.1007/978-3-662-72471-2_6

Anhand der Ergebnisse können für spezifische industrielle Prozessketten gezielt Richtlinien für die Pulveraufbereitung abgeleitet werden, um die Integration von MBJ in bestehende MIM-Prozessketten zu erleichtern und die Materialeffizienz zu erhöhen. Die Ergebnisse legen nahe, dass eine optimierte Pulveraufbereitung die Qualität der hergestellten Teile erheblich verbessert und das Potenzial von MBJ für medizintechnische Anwendungen erhöht.

2. **Wie sieht eine geeignete Strategie zur Aushärtung von Titan-Grünteilen für eine effektive Entpulverung und Grünteilstabilität aus?**

Die in 4.3.3 sowie [42] dargestellte Studie untersucht die wesentlichen Herausforderungen und Fortschritte im Bereich der Aushärtung von Grünteilen, die durch MBJ aus feinskaligem Ti-6Al-4V-Pulver hergestellt werden. Bisherige Forschung und veröffentlichte Publikationen haben den Schritt der Aushärtung häufig vernachlässigt oder beziehen sich nicht explizit auf das hier untersuchte Material Ti-6Al-4V, obwohl es sich hierbei um einen Schritt der Prozesskette handelt, der mitentscheidend für die erzielbare Prozesskontrolle ist.

Die Untersuchung konnte zeigen, dass der Aushärtungsprozess nur marginale Auswirkungen auf die Oberflächenrauhigkeit und die Grünteildichte der Probekörper hat. Allerdings hat die Aushärtung einen entscheidenden Einfluss auf die Grünteilfestigkeit, die für die Handhabung und die nachfolgende Entpulverung der fragilen Teile von großer Bedeutung ist. Zudem wurden positionale Unterschiede bei der Grünteildichte festgestellt, wobei Teile am Rand der Druckbox höhere Dichten auf-wiesen als solche in der Mitte. Dies deutet auf unzureichende Aushärtungsbedingungen in diesen Bereichen hin.

Die Ergebnisse verdeutlichen, dass die Aushärtungsparameter, einschließlich der Temperaturprofile und der Atmosphäre, die mechanischen Eigenschaften der Grünteile erheblich beeinflussen. Insbesondere die Verwendung von Stickstoffatmosphäre führte zu geringeren Festigkeitswerten im Ver-gleich zur Umgebungsatmosphäre, was auf eine weniger effektive Aushärtung des Binders hindeutet.

Insgesamt bieten die Untersuchungen der Studie einen umfassenden Einblick in die Aushärtungs-strategien für Ti-6Al-4V und stellt eine wichtige Grundlage für die Weiterentwicklung von MBJ dar. Industrielle MBJ-Prozessketten benötigen eine bauteilspezifische und positionsabhängige Vorabanalyse der Aushärtungsbedingungen um auf mögliche Prozessvarianzen aktiv reagieren zu können. Hinsichtlich der Atmosphäre sollte eine Auswahl auf Grundlage des Bindersystems erfolgen, wobei festzuhalten ist, dass im Fall des vorliegenden Binders die Anwesenheit von Sauerstoff eine effektivere Polymerisation ermöglicht.

3. **Wie wirtschaftlich und ressourceneffizient kann eine MBJ-Prozesskette zur Herstellung von Titanbauteilen umgesetzt werden?**

Im Rahmen von 4.4.3 und [41] wurde die Recyclingfähigkeit von Ti-6Al-4V-Pulver für MBJ unter-sucht. MBJ bietet durch die Verwendung eines Binders anstelle von Laser- oder Elektronenstrahlen Potenziale für signifikante Kostenvorteile und ermöglicht prinzipiell eine hohe Materialeffizienz. In der vorliegenden Arbeit wurden die Auswirkungen von vier vollen Prozess- sowie 15 rein thermischen Zyklen auf die Eigenschaften des Pulvers sowie auf die Grünteilqualität untersucht.

Die Ergebnisse zeigen, dass die Wiederverwendung des Ti-6Al-4V-Pulvers nur geringe Veränderungen in der Partikelgrößenverteilung mit sich bringt und die Fließeigenschaften des Pulvers tendenziell verbessert. Die Dichte der Grünteile bleibt zwar konstant, jedoch zeigt sich eine erhöhte Schwankungsbreite in den Messwerten für eine höhere Anzahl an Wiederverwendungszyklen. Darüber hin-aus wurde festgestellt, dass die thermischen Einflüsse während des Aushärtungsprozesses und der Pulveraufbereitung zu keinem signifikanten Anstieg des Sauerstoff- oder Stickstoffgehalts führen, selbst nach 15 Wiederholungen. Diese Ergebnisse unterstützen die Wirksamkeit fortschrittlicher Pulveraufbereitungsstrategien, die in [40] entwickelt wurden, um die Pulverqualität über die gesamte MBJ-Prozesskette bei gleichzeitig hoher Ressourceneffizienz zu erhalten.

Insgesamt konnte das Potenzial von MBJ für das Recycling von sauerstoffaffinen Titanlegierungen bestätigt werden und die gezeigten Ergebnisse unterstreichen sowohl die wirtschaftliche Effizienz als auch die Nachhaltigkeit der Prozesskette.

Zusätzlich wurde in Kapitel 4.5.3 eine Betrachtung des ökonomischen Potenzials der MBJ-Prozesskette anhand einer Demonstratoranwendung erläutert, sowie anschließend (basierend auf den Erkenntnissen der Arbeit) eine Perspektive auf das Thema Ressourceneffizienz im Kontext MBJ dargelegt. Auf Grundlage des in 5.1 entwickelten Kostenmodells konnte in Unterkapitel 5.2 gezeigt werden, dass MBJ in dem dargestellten Szenario bei einer Losgröße von 400 Stück pro Jahr eine höhere Kosteneffizienz erzielt als die beiden für den Vergleich herangezogenen L-PBF-Anlagensysteme. Auch wenn die absoluten Stückkosten immer im spezifischen industriellen Umfeld betrachtet werden sollten, um belastbare Aussagen über die Kostenstruktur zu erhalten, kann an-hand der Ergebnisse des Kostenmodells ein ökonomisches Potenzial der MBJ-Technologie abgeleitet werden. In Kombination mit der Möglichkeit höhere Recyclingraten insbesondere bei teuren und gleichzeitig sauerstoffaffinen Materialien wie Titan zu erzielen, lässt sich erahnen, dass künftig im-mer mehr Applikationen für MBJ den Weg in die Industrie finden. Die spezifischen Vorteile gegen-über den etablierten L- und auch E-PBF-Prozessen wie niedrigere Energieniveaus sowie die angesprochenen Recyclingraten lassen dabei auch auf eine höhere Ressourceneffizienz und Nachhaltigkeit der Technologie schließen. Dies wird künftig helfen, die Akzeptanz von MBJ aber auch AM-Technologien im Allgemeinen zu erhöhen.

6.2 Ausblick

Die vorliegende Arbeit hat das Potenzial des MBJ für die Medizintechnik umfassend untersucht und dabei wichtige Erkenntnisse zur Prozessoptimierung und Ressourceneffizienz gewonnen. Im Hin-blick auf die zukünftige Entwicklung dieser Technologie ergeben sich mehrere vielversprechende Forschungsrichtungen und Anwendungsfelder.

Die in Kapitel 4.3 untersuchte Optimierung der Pulveraufbereitung ist ein zentraler Aspekt, der künftig weiter untersucht und auf weitere Binder-Pulver-Kombinationen erweitert werden sollte. Innovative Trocknungs- und Konditionierungsmethoden können die Fließfähigkeit und die Packungsdichte des Pulvers nachweislich steigern, was sich positiv auf die Bauteilqualität auswirkt. Die Implementierung fortschrittlicher Technologien zur Pulverüberwachung und -analyse könnte zusätzlich helfen, die Prozesskontrolle zu verbessern und die Materialeigenschaften gezielt zu steuern. So ist insbesondere eine In-Prozess-Überwachung der Pulverfeuchte denkbar und die gezeigten Ergebnisse unterstreichen die Relevanz solcher Qualitätssicherungsmaßnahmen insbesondere im Kontext der Herstellung von kritischen Bauteilen wie Endoprothesen oder anderen Medizintechnikanwendungen.

Weiterhin sollte die Forschung zu Aushärtungsstrategien für MBJ-Grünteile fortgeführt werden. Eine detailliertere Analyse der Wechselwirkungen zwischen den Prozessparametern, insbesondere in Bezug auf unterschiedliche Binder und Pulverzusammensetzungen, könnte zu einem besseren Verständnis der Aushärtungsmechanismen führen. Diese Erkenntnisse erhöhen nicht nur die Prozess-stabilität, sondern tragen auch zu einer effektiveren Entpulverung bei. Zusammen mit innovativen neuen Bindersystemen vereinfachen verbesserte Aushärtungsstrategien die Automatisierung der Entpulverung und tragen somit direkt zu einer höheren Kosteneffizienz der Technologie bei.

Zusätzlich bietet das Recycling von Pulvermaterialien im MBJ-Prozess ein erhebliches Potenzial, das noch nicht vollständig ausgeschöpft ist. Zukünftige Untersuchungen sollten sich intensiver mit den Langzeitwirkungen der Pulverwiederverwendung und der Entwicklung nachhaltiger Recyclingstrategien befassen. Die Möglichkeit, Materialien effizienter zu nutzen und gleichzeitig die Umweltbelastung zu minimieren, könnte MBJ als bevorzugte Technologie in der Medizintechnik sowie weiteren Branchen etablieren.

Darüber hinaus sollten interdisziplinäre Ansätze gefördert werden, um die Integration von MBJ in bestehende Produktionsprozesse zu erleichtern. Kooperationen zwischen Industrie und Forschungs-einrichtungen könnten dazu beitragen, die Herausforderungen der Skalierbarkeit und der Normierung zu adressieren. Die Anpassung der Technologie an spezifische industrielle Anforderungen wird entscheidend sein, um die Akzeptanz und den breiten Einsatz von MBJ in der Medizintechnik zu fördern.

Insgesamt bietet die Dissertation nicht nur eine fundierte Grundlage für die Weiterentwicklung von MBJ, sondern auch einen Beitrag zur Diskussion über die Zukunft der additiven Fertigung in der Medizintechnik. Angesichts der wachsenden Nachfrage nach patientenindividuellen Lösungen wird MBJ zunehmend als vielversprechende Technologie angesehen, die das Potenzial hat, die Fertigungslandschaft nachhaltig zu verändern.

7 Literaturverzeichnis

[1] Ahlers, D.: AMproved stellt Lösung für das Problem Pulverfeuchte vor. https://www.additive-fertigung.com/bericht/materialaufbereitung/ampro-ved_stellt_loesung_fuer_das_problem_pulverfeuchte_vor-2021-03-11 (Zugriff am: 03.01.24).

[2] Bai, Y., Williams, C.B. (2015): An exploration of binder jetting of copper, Rapid Prototyping Journal 21 177–185. https://doi.org/10.1108/RPJ-12-2014-0180.

[3] Bai, Y., Wagner, G., Williams, C.B. (2015): Effect of Bimodal Powder Mixture on Powder Packing Density and Sintered Density in Binder Jetting of Metals, University of Texas at Austin.

[4] Bai, Y., Wagner, G., Williams, C.B. (2017): Effect of Particle Size Distribution on Powder Packing and Sintering in Binder Jetting Additive Manufacturing of Metals, Journal of Manufacturing Science and Engineering 139 254. https://doi.org/10.1115/1.4036640.

[5] Baker, P. (1997): Three dimensional printing with fine metal powders: Master Thesis, Boston.

[6] Banerjee, S., Joens, C.J. (2019): 7 - Debinding and sintering of metal injection molding (MIM) components, in: D.F. Heaney (Ed.), Handbook of metal injection molding, Second edition, WP Woodhead Publishing, Duxford, pp. 129–171.

[7] Barthel, B., Hein, S.B., Aumund-Kopp, C., Petzoldt, F.: Influence of Particle Size Distribution in Metal Binder Jetting – Effects on the Properties of Green and Sintered Parts (2019), in: Euro PM 2019 Congress & Exhibition, European Powder Metallurgy Association (EPMA), Shrewsbury, United Kingdom, ISBN 978-1-899072-51-4.

[8] Barthel, B. (2019): Metal Binder Jetting process chain considerations, Bremen.

[9] Barthel, B., Janas, F., Wieland, S. (2021): Powder condition and spreading parameter impact on green and sintered density in metal binder jetting, Powder Metallurgy 100707 1–9. https://doi.org/10.1080/00325899.2021.1912923.

[10] Berger, C., Pötschke, J., Scheithauer, U., Michaelis, A. (2024): Influence of Various Binder Jet Printers on the Additive Manufacturing of Hardmetals, Crystals 14 947. https://doi.org/10.3390/cryst14110947.

[11] Bjørk, R., Tikare, V., Frandsen, H.L., Pryds, N. (2013): The Effect of Particle Size Distributions on the Microstructural Evolution During Sintering, J. Am. Ceram. Soc. 96 103–110. https://doi.org/10.1111/jace.12100.

[12] Blunk, H., Seibel, A. (2024): Design guidelines for metal binder jetting, Prog Addit Manuf 9 725–732. https://doi.org/10.1007/s40964-023-00475-y.

[13] Buj-Corral, I., Tejo-Otero, A., Fenollosa-Artés, F. (2020): Development of AM Technologies for Metals in the Sector of Medical Implants, Metals 10 686. https://doi.org/10.3390/met10050686.

K. Janzen, *Potenzialerschließung des Metal Binder Jetting für die Medizintechnik*,
Light Engineering für die Praxis, https://doi.org/10.1007/978-3-662-72471-2

[14] Chen, H., Zhao, Y.F. (2016): Process parameters optimization for improving surface quality and manufacturing accuracy of binder jetting additive manufacturing process, Rapid Prototyping Journal 22 527–538. https://doi.org/10.1108/RPJ-11-2014-0149.

[15] Chen, L., Chen, W., Zhang, S., Zou, S., Cheng, T., Zhu, D. (2023): Effect of bimodal powder on densification and mechanical properties of 316L stainless steel fabricated by binder jet 3D printing, 2238-7854 27 4043–4052. https://doi.org/10.1016/j.jmrt.2023.10.203.

[16] Cordova, L., Bor, T., Smit, M. de, Campos, M., Tinga, T. (2020): Measuring the spreadability of pre-treated and moisturized powders for laser powder bed fusion, Additive Manufacturing 32 101082. https://doi.org/10.1016/j.addma.2020.101082.

[17] Dall'Ava, Hothi, Di Laura, Henckel, Hart (2019): 3D Printed Acetabular Cups for Total Hip Arthroplasty: A Review Article, Metals 9 729. https://doi.org/10.3390/met9070729.

[18] Derimow, N., Hrabe, N. (2021): Oxidation in Reused Powder Bed Fusion Additive Manufacturing Ti-6Al-4V Feedstock: A Brief Review, JOM 73 3618–3638. https://doi.org/10.1007/s11837-021-04872-y.

[19] DIN (2000): Begriffe und Kurzzeichen für Siebböden: Teil 2: Lochplatten.

[20] DIN EN ISO/ASTM (2022): Additive Fertigung –Grundlagen –Terminologie 01.040.25; 25.030.

[21] Dini, F., Ghaffari, S.A., Jafar, J., Hamidreza, R., Marjan, S. (2020): A review of binder jet process parameters; powder, binder, printing and sintering condition, Metal Powder Report 75 95–100. https://doi.org/10.1016/j.mprp.2019.05.001.

[22] Do, T., Kwon, P., Shin, C.S. (2017): Process development toward full-density stainless steel parts with binder jetting printing, International Journal of Machine Tools and Manufacture 121 50–60. https://doi.org/10.1016/j.ijmachtools.2017.04.006.

[23] Du, W., Roa, J., Hong, J., Liu, Y., Pei, Z., Ma, C. (2021): Binder Jetting Additive Manufacturing: Effect of Particle Size Distribution on Density, Journal of Manufacturing Science and Engineering 143 781. https://doi.org/10.1115/1.4050306.

[24] Ebel, T., Milagres Ferri, O., Limberg, W., Oehring, M., Pyczak, F., Schimansky, F.P. (2012): Metal Injection Moulding of Titanium and Titanium-Aluminides, KEM 520 153–160. https://doi.org/10.4028/www.scientific.net/KEM.520.153.

[25] Emanuelli, L., Segata, G., Perina, M., Regolini, M., Nicchiotti, V., Molinari, A. (2023): Study of microstructure and mechanical properties of 17-4 PH stainless steel produced via Binder Jetting, Powder Metallurgy 66 377–386. https://doi.org/10.1080/00325899.2023.2202950.

[26] Emmelmann, C., Scheinemann, P., Munsch, M., Seyda, V. (2011): Laser Additive Manufacturing of Modified Implant Surfaces with Osseointegrative Characteristics, Physics Procedia 12 375–384. https://doi.org/10.1016/j.phpro.2011.03.048.

[27] F04 Committee: Specification for Metal Injection Molded Titanium-6Aluminum-4Vanadium Components for Surgical Implant Applications, ASTM International, West Conshohocken, PA.

[28] Gebhardt, A. (2016): Additive Fertigungsverfahren: Additive Manufacturing und 3D-Drucken für Prototyping - Tooling - Produktion. 5., neu bearbeitete und erweiterte Auflage, Hanser; Ciando, München, ISBN 9783446445390.

[29] German, R.M., Bose, A. (1997): Injection molding of metals and ceramics, Metal Powder Industries Federation, Princeton, N.J., ISBN 9781878954619.

[30] German, R.M. (2005): Powder metallurgy and particulate materials processing: The processes, materials, products, properties, and applications, Metal Powder Industries Federation, Princeton, NJ, ISBN 0976205718.

[31] German, R.M. (2020): Titanium sintering science: A review of atomic events during densification, International Journal of Refractory Metals and Hard Materials 89 105214. https://doi.org/10.1016/j.ijrmhm.2020.105214.

[32] Gibson, I., Rosen, D., Stucker, B., Khorasani, M. (2021): Additive Manufacturing Technologies, Springer International Publishing, Berlin, Heidelberg, ISBN 978-3-030-56126-0.

[33] Herzog, D., Seyda, V., Wycisk, E., Emmelmann, C. (2016): Additive manufacturing of metals, Acta Materialia 117 371–392. https://doi.org/10.1016/j.actamat.2016.07.019.

[34] Hoppe, V., Pawlak, A., Szymczyk-Ziółkowska, P., Jaśkiewicz, T., Rusińska, M., Dybała, B. (2022): Investigation of Ti-13Nb-13Zr alloy powder properties and development of the L-PBF process, Materials & Design 217 110546. https://doi.org/10.1016/j.matdes.2022.110546.

[35] Huber, D., Vogel, L., Fischer, A. (2021): The effects of sintering temperature and hold time on densification, mechanical properties and microstructural characteristics of binder jet 3D printed 17-4 PH stainless steel, Additive Manufacturing 46 102114. https://doi.org/10.1016/j.addma.2021.102114.

[36] İyibilgin, O., Gepek, E. (2021): Characterization of CP-Titanium produced via binder jetting and conventional powder metallurgy, Revista de Metalurgia 57 e205. https://doi.org/10.3989/revmetalm.205.

[37] Jang, T.-S., Kim, D., Han, G., Yoon, C.-B., Jung, H.-D. (2020): Powder based additive manufacturing for biomedical application of titanium and its alloys: a review, Biomed. Eng. Lett. 10 505–516. https://doi.org/10.1007/s13534-020-00177-2.

[38] Janzen, K., Groß, P., Imgrund, P., Emmelmann, C.: Potentials of Metal Binder Jetting Process Chains for Medical Parts (2022), in: Developing the powder metallurgy future, European Powder Metallurgy Association (EPMA), Shrewsbury, United Kingdom, ISBN 978-1-899072-55-2.

[39] Janzen, K., Kallies, K.J. (2023): Fabrication of patient-specific finger joint implants from Ti-6Al-4V using metal binder jetting, Transactions on Additive Manufacturing Meets Medicine. https://doi.org/10.18416/AMMM.2023.2309830.

[40] Janzen, K., Kallies, K.J., Waalkes, L., Imgrund, P., Emmelmann, C. (2024): Influence of Different Powder Conditioning Strategies on Metal Binder Jetting with Ti-6Al-4V, Materials (Basel) 17. https://doi.org/10.3390/ma17030750.

[41] Janzen, K., Kallies, K.J., Waalkes, L., Imgrund, P., Emmelmann, C.: Recycling of Ti-6Al-4V Powder in Metal Binder Jetting (2024), in: Proceedings of 2024 Powder Metallurgy World Congress & Exhibition, Yokohama, Japan, pp. 368–375, ISBN 978-4-910374-21-5.

[42] Janzen, K., Rieß, T., Emmelmann, C. (2025): Investigation on curing strategies for metal binder jetting with Ti-6Al-4V, Additive Manufacturing Letters 13. https://doi.org/10.1016/j.addlet.2025.100272.

[43] Jiang, J., Newman, S.T., Zhong, R.Y. (2021): A review of multiple degrees of freedom for additive manufacturing machines, International Journal of Computer Integrated Manufacturing 34 195–211. https://doi.org/10.1080/0951192X.2020.1858510.

[44] Kumar, A., Bai, Y., Eklund, A., Williams, C.B. (2017): Effects of Hot Isostatic Pressing on Copper Parts Fabricated via Binder Jetting, Procedia Manufacturing 10 935–944. https://doi.org/10.1016/j.promfg.2017.07.084.

[45] Kumar, P., Chandran, K.R. (2019): Enhancement of fatigue resistance using the accelerated diffusion/sintering phenomenon near beta transus temperature in Ti-6Al-4V powder metallurgy alloy, Scripta Materialia 165 1–5. https://doi.org/10.1016/j.scriptamat.2019.02.003.

[46] Liao, J., Kleine, R. de, Kim, H.C., Luckey, G., Forsmark, J., Lee, E.C., Cooper, D.R. (2023): Assessing the sustainability of laser powder bed fusion and traditional manufacturing processes using a parametric environmental impact model, Resources, Conservation and Recycling 198 107138. https://doi.org/10.1016/j.resconrec.2023.107138.

[47] Li, M., Du, W., Elwany, A., Pei, Z., Ma, C. (2020): Metal Binder Jetting Additive Manufacturing: A Literature Review, Journal of Manufacturing Science and Engineering.

[48] Lonardelli, I., Gey, N., Wenk, H.-R., Humbert, M., Vogel, S.C., Lutterotti, L. (2007): In situ observation of texture evolution during α→β and β→α phase transformations in titanium alloys investigated by neutron diffraction, Acta Materialia 55 5718–5727. https://doi.org/10.1016/j.actamat.2007.06.017.

[49] Lores, A., Azurmendi, N., Agote, I., Zuza, E. (2019): A review on recent developments in binder jetting metal additive manufacturing: materials and process characteristics, Powder Metallurgy 62 267–296. https://doi.org/10.1080/00325899.2019.1669299.

[50] Lores, A., Azurmendi, N., Agote, I., Espinosa, E., García-Blanco, M.B. (2022): A study of parameter and post-processing effects on surface quality improvement of Binder Jet 3D-printed Invar36 alloy parts, Prog Addit Manuf 7 917–930. https://doi.org/10.1007/s40964-022-00267-w.

[51] Ludwig, B., Miller, T.F. (2015): Rheological and surface chemical characterization of alkoxysilane treated, fine aluminum powders showing enhanced flowability and fluidization behavior for delivery applications, Powder Technology 283 380–388. https://doi.org/10.1016/j.powtec.2015.05.044.

[52] Ludwig, I., Kluge, M. (2024): Investigation of an Increased Particle Size Distribution of Ti-6Al-4V Powders Used for Laser-Based Powder Bed Fusion of Metals, Materials 17 2942. https://doi.org/10.3390/ma17122942.

[53] Lumay, G., Neveu, A., Francqui, F. (2022): Measuring Powder Flow Properties in a Rotating Drum, SSRN Journal. https://doi.org/10.2139/ssrn.4040037.

[54] Lutter-Günther, M., Gebbe, C., Kamps, T., Seidel, C., Reinhart, G. (2018): Powder recycling in laser beam melting: strategies, consumption modeling and influence on resource efficiency, Prod. Eng. Res. Devel. 12 377–389. https://doi.org/10.1007/s11740-018-0790-7.

[55] Meier, C., Weissbach, R., Weinberg, J., Wall, W.A., Hart, A.J. (2019): Critical influences of particle size and adhesion on the powder layer uniformity in metal additive manufacturing, Journal of Materials Processing Technology 266 484–501. https://doi.org/10.1016/j.jmatprotec.2018.10.037.

[56] Metal AM (2024): China's Zoltrix using HP Metal Jet Binder Jetting to produce hundreds of thousands of consumer electronics parts. https://www.metal-am.com/chinas-zoltrix-using-hp-metal-jet-binder-jetting-to-produce-hundreds-of-thousands-of-consumer-electronics-parts/ (Zugriff am: 20.12.24).

[57] Mirzababaei, S., Pasebani, S. (2019): A Review on Binder Jet Additive Manufacturing of 316L Stainless Steel, JMMP 3 82. https://doi.org/10.3390/jmmp3030082.

[58] Mirzababaei, S., Paul, B.K., Pasebani, S. (2020): Metal Powder Recyclability in Binder Jet Additive Manufacturing, JOM 72 3070–3079. https://doi.org/10.1007/s11837-020-04258-6.

[59] Miyanaji, H., Zhang, S., Lassell, A., Zandinejad, A.A., Yang, L. (2016): Optimal Process Parameters for 3D Printing of Porcelain Structures, Procedia Manufacturing 5 870–887. https://doi.org/10.1016/j.promfg.2016.08.074.

[60] Miyanaji, H., Zhang, S., Lassell, A., Zandinejad, A., Yang, L. (2016): Process Development of Porcelain Ceramic Material with Binder Jetting Process for Dental Applications, JOM 68 831–841. https://doi.org/10.1007/s11837-015-1771-3.

[61] Miyanaji, H., Zhang, S., Yang, L. (2018): A new physics-based model for equilibrium saturation determination in binder jetting additive manufacturing process, International Journal of Machine Tools and Manufacture 124 1–11. https://doi.org/10.1016/j.ijmachtools.2017.09.001.

[62] Miyanaji, H., Momenzadeh, N., Yang, L. (2018): Effect of printing speed on quality of printed parts in Binder Jetting Process, Additive Manufacturing 20 1–10. https://doi.org/10.1016/j.addma.2017.12.008.

[63] Miyanaji, H., Momenzadeh, N., Yang, L. (2019): Effect of powder characteristics on parts fabricated via binder jetting process, RPJ 25 332–342. https://doi.org/10.1108/RPJ-03-2018-0069.

[64] Miyanaji, H., Rahman, K.M., Da, M., Williams, C.B. (2020): Effect of fine powder particles on quality of binder jetting parts, Additive Manufacturing 36 101587. https://doi.org/10.1016/j.addma.2020.101587.

[65] Molitch-Hou, M. (2022): Markforged Completes Digital Metal Acquisition: Enters Binder Jet Metal 3D Printing. https://3dprint.com/292678/32m-metal-3d-printing-deal-markforged-buys-digital-metal-to-enter-binder-jetting-market/ (Zugriff am: 26.06.24).

[66] Monteiro, H., Carmona-Aparicio, G., Lei, I., Despeisse, M. (2022): Energy and material efficiency strategies enabled by metal additive manufacturing – A review for the aeronautic and aerospace sectors, Energy Reports 8 298–305. https://doi.org/10.1016/j.egyr.2022.01.035.

[67] Mostafaei, A., Rodriguez De Vecchis, P., Nettleship, I., Chmielus, M. (2019): Effect of powder size distribution on densification and microstructural evolution of binder-jet 3D-printed alloy 625, Materials & Design 162 375–383. https://doi.org/10.1016/j.matdes.2018.11.051.

[68] Mostafaei, A., Elliott, A.M., Barnes, J.E., Li, F., Tan, W., Cramer, C.L., Nandwana, P., Chmielus, M. (2021): Binder jet 3D printing—Process parameters, materials, properties, modeling, and challenges, Progress in Materials Science 119 100707. https://doi.org/10.1016/j.pmatsci.2020.100707.

[69] Munsch, M., Schmidt-Lehr, M., Wycisk, E., Führer, T. (2018): Metal Additive Manufacturing with sinter-based technologies, Hamburg.

[70] Nan, W., Pasha, M., Zafar, U., Nadimi, S., Goh, W.P., Ghadiri, M. (2024): Characterisation of gas-atomised metal powders used in binder jet 3D printing, Powder Technology 436 119471. https://doi.org/10.1016/j.powtec.2024.119471.

[71] Niinomi, M. (2002): Recent metallic materials for biomedical applications, Metall Mater Trans A 33 477–486. https://doi.org/10.1007/s11661-002-0109-2.

[72] Norda, M., Reineke, L., Wonn, D., Hein, S.B.: Investigation Of Binder Droplet Impact In Metal Binder Jetting (2023), in: Developing the powder metallurgy future, Lissabon, European Powder Metallurgy Association (EPMA), Chantilly, ISBN 978-1-899072-57-6.

[73] Panigrahi, B.B., Godkhindi, M.M., Das, K., Mukunda, P.G., Ramakrishnan, P. (2005): Sintering kinetics of micrometric titanium powder, Materials Science and Engineering: A 396 255–262. https://doi.org/10.1016/j.msea.2005.01.016.

[74] Pfaff, A., Bierdel, M., Hoschke, K., Wickert, M., Riedel, W., Hiermaier, S. (2020): Resource analysis model and validation for selective laser melting, constituting the potential of lightweight design for material efficiency, Sustainable Production and Consumption 21 182–191. https://doi.org/10.1016/j.spc.2019.12.004.

[75] Prior, M. (2021): Desktop Metal has Completed its Acquisition of ExOne. https://www.3dnatives.com/en/desktop-metal-completed-acquisition-exone-121120216/ (Zugriff am: 26.06.24).

[76] PRNewswire (2011): Z Corporation to be Acquired by 3D Systems. https://www.prnewswire.com/news-releases/z-corporation-to-be-acquired-by-3d-systems-134244333.html (Zugriff am: 26.06.24).

[77] Qian, M., Yang, Y.F., Luo, S.D., Tang, H.P. (2015): Pressureless sintering of titanium and titanium alloys: sintering densification and solute homogenization, in: Titanium Powder Metallurgy, Elsevier, pp. 201–218.

[78] Rack, H.J., Qazi, J.I. (2006): Titanium alloys for biomedical applications, Materials Science and Engineering: C 26 1269–1277. https://doi.org/10.1016/j.msec.2005.08.032.

[79] Reineke, L., Barthel, B., Hein, S.B.: Analysis Of Powder Characteristics And Powder-Binder-Interaction For Process Parameter Prediction In Metal Binder Jetting (2022), in: Developing the powder metallurgy future, European Powder Metallurgy Association (EPMA), Shrewsbury, United Kingdom, ISBN 978-1-899072-55-2.

[80] Reineke, L., Schlegel, R., Hein, S.B.: Influence Of Powder Packing Density On Binder Saturation And Wetting Behaviour In Metal Binder Jetting (2023), in: Developing the powder metallurgy future, Lissabon, European Powder Metallurgy Association (EPMA), Chantilly, ISBN 978-1-899072-57-6.

[81] Rodriguez, P., Mostafaei, A., Chmielus, M. (2018): Binder Jet Additive Manufacturing of Dental Material from Cobalt-Chrome Alloy, Ingenium 63–66.

[82] Rütjes, A., Borujeni, S.S. (2022): Experience in Binder-Jetting of automotive parts, Bremen.

[83] Sachs, E., Cima, M., Williams, P., Brancazio, D., Cornie, J. (1992): Three Dimensional Printing: Rapid Tooling and Prototypes Directly from a CAD Model, Journal of Engineering for Industry 114 481–488. https://doi.org/10.1115/1.2900701.

[84] Salmi, M. (2021): Additive Manufacturing Processes in Medical Applications, Materials (Basel) 14. https://doi.org/10.3390/ma14010191.

[85] Schäfer, P.: VW will additiv gefertigte Bauteile im T-Roc Cabrio einsetzen. www.springerprofessional.de/additive-fertigung/werkstoffe/vw-will-additiv-gefertigte-bauteile-im-t-roc-cabrio-einsetzen/19277576 (Zugriff am: 20.12.24).

[86] Schatt, W. (2007): Pulvermetallurgie: Technologien und Werkstoffe. 2., bearbeitete und erweiterte Auflage, Springer, Berlin, Heidelberg, ISBN 9783540236528.

[87] Schulze, D. (2019): Pulver und Schüttgüter: Fliesseigenschaften und Handhabung. 4. Auflage, Springer, Berlin, Heidelberg, ISBN 9783662587768.

[88] Seyda, V., Kaufmann, N., Emmelmann, C. (2012): Investigation of Aging Processes of Ti-6Al-4 V Powder Material in Laser Melting, 1875-3892 39 425–431. https://doi.org/10.1016/j.phpro.2012.10.057.

[89] Seyda, V. (2018): Werkstoff- und Prozessverhalten von Metallpulvern in der laseradditiven Fertigung, Springer, Berlin, Heidelberg, ISBN 978-3-662-58232-9.

[90] Sher, D.: Apple is using metal binder jetting for Apple Watch 9 production. www.voxelmatters.com/apple-is-using-metal-binder-jetting-for-apple-watch-9-production/ (Zugriff am: 20.12.24).

[91] Shi, J.-L., Deguchi, Y., Sakabe, Y. (2005): Relation between grain growth, densification and surface diffusion in solid state sintering—a direct observation, J Mater Sci 40 5711–5719. https://doi.org/10.1007/s10853-005-1474-7.

[92] Simchi, A., Petzoldt, F., Hartwig, T., Hein, S.B., Barthel, B., Reineke, L. (2023): Microstructural development during additive manufacturing of biomedical grade Ti-6Al-4V alloy by three-dimensional binder jetting: material aspects and mechanical properties, Int J Adv Manuf Technol 127 1541–1558. https://doi.org/10.1007/s00170-023-11661-1.

[93] Stevens, E., Schloder, S., Bono, E., Schmidt, D., Chmielus, M. (2018): Density variation in binder jetting 3D-printed and sintered Ti-6Al-4V, Additive Manufacturing 22 746–752. https://doi.org/10.1016/j.addma.2018.06.017.

[94] Stiess, M. (2008): Mechanische Verfahrenstechnik - Partikeltechnologie 1, Springer, Berlin, Heidelberg, ISBN 978-3-540-32551-2.

[95] Sun, Y., Gao, R.W., Han, G.B., Bai, G., Liu, T., Wang, B. (2006): Effects of powder flowability on the alignment degree and magnetic properties for NdFeB sintermagnets, Journal of Magnetism and Magnetic Materials 299 82–86. https://doi.org/10.1016/j.jmmm.2005.03.086.

[96] VDI (2014): Additive Fertigungsverfahren: Grundlagen, Begriffe, Verfahrensbeschreibungen.

[97] Viehöfer, U., Winkelmüller, W., Lang, M., Scharvogel, M.: Verfahren zur pulvermetallurgischen Herstellung von Bauteilen aus Titan oder Titanlegierungen - European Patent Office - EP 3231536 A1.

[98] Waalkes, L., Janzen, K., Imgrund, P.: In-situ Density Prediction in Metal Binder Jetting Using Powder Bed Imaging (2024), in: Proceedings of 2024 Powder Metallurgy World Congress & Exhibition, Yokohama, Japan, ISBN 978-4-910374-21-5.

[99] Wang, L., Li, E.L., Shen, H., Zou, R.P., Yu, A.B., Zhou, Z.Y. (2020): Adhesion effects on spreading of metal powders in selective laser melting, Powder Technology 363 602–610. https://doi.org/10.1016/j.powtec.2019.12.048.

[100] Weber, H. (1998): Rentabilität, Produktivität und Liquidität: Größen Zur Beurteilung und Steuerung Von Unternehmen, Springer, Wiesbaden, ISBN 9783322870315.

[101] Weiss, C., Heslenfeld, J., Saewe, J.K., Bremen, S., Häfner, C.L. (2022): Investigation on the influence of powder humidity in Laser Powder Bed Fusion (LPBF), Procedia CIRP 111 115–120. https://doi.org/10.1016/j.procir.2022.08.102.

[102] Wilts, E.M., Long, T.E. (2021): Sustainable additive manufacturing: predicting binder jettability of water-soluble biodegradable and recyclable polymers, Polym Int 70 958–963. https://doi.org/10.1002/pi.6108.

[103] Wohlers, T. (2017): Desktop Metal: A rising star of metal AM targets speed, cost and high-volume production. https://www.metal-am.com/articles/desktop-metal-targets-speed-cost-and-high-volume-production-3d-printing/ (Zugriff am: 25.06.24).

[104] Zegzulka, J., Gelnar, D., Jezerska, L., Prokes, R., Rozbroj, J. (2020): Characterization and flowability methods for metal powders, Sci. Rep. 10 21004. https://doi.org/10.1038/s41598-020-77974-3.

[105] Zhuo, Z., Ji, R., Wang, L., Mao, J. (2025): Reusability of Ti-6Al-4V powder in laser powder bed fusion: Influence on powder morphology, oxygen uptake, and mechanical properties, Journal of Materials Processing Technology 335 118672. https://doi.org/10.1016/j.jmatprotec.2024.118672.

[106] Ziaee, M., Tridas, E.M., Crane, N.B. (2017): Binder-Jet Printing of Fine Stainless Steel Powder with Varied Final Density, JOM 69 592–596. https://doi.org/10.1007/s11837-016-2177-6.

[107] Ziaee, M., Crane, N.B. (2019): Binder jetting: A review of process, materials, and methods, Additive Manufacturing 28 781–801. https://doi.org/10.1016/j.addma.2019.05.031.

[108] Zissel, K., Quejido, E.B., Deckers, T., Forêt, P., Hryha, E.: Binder Jetting – Reusability of 17-4 PH Stainless Steel Powder, World PM2022 Proceedings.

[109] Zwicker, U. (1974): Titan und Titanlegierungen, Springer, Berlin, Heidelberg, ISBN 978-3-642-80588-2.

Im Rahmen dieser Dissertation wurden die folgenden studentischen Arbeiten erstellt:

- Kallies, K.J. (2024): Systematische Einflussanalyse für die Titanpulverkonditionierung im Metal Binder Jetting Verfahren
- Rieß, T. (2024): Systematische Analyse des Curing-Prozesses für das Metal Binder Jetting Verfahren

Im Rahmen dieser Dissertation sind folgende Veröffentlichungen entstanden:

- Janzen, K., Groß, P., Imgrund, P., Emmelmann, C., Potentials of Metal Binder Jetting Process Chains for Medical Parts, in: Developing the powder metallurgy future, European Powder Metallurgy Association (EPMA), Shrewsbury, United Kingdom, 2022, ISBN 978-1-899072-55-2.
- Janzen, K., Kallies, K.J., Fabrication of patient-specific finger joint implants from Ti-6Al-4V using metal binder jetting, Transactions on Additive Manufacturing Meets Medicine (2023). https://doi.org/10.18416/AMMM.2023.2309830.
- Janzen, K., Kallies, K.J., Waalkes, L., Imgrund, P., Emmelmann, C., Influence of Different Powder Conditioning Strategies on Metal Binder Jetting with Ti-6Al-4V, Materials (Basel) 17 (2024). https://doi.org/10.3390/ma17030750.
- Janzen, K., Kallies, K.J., Waalkes, L., Imgrund, P., Emmelmann, C., Recycling of Ti-6Al-4V Powder in Metal Binder Jetting, in: Proceedings of 2024 Powder Metallurgy World Congress & Exhibition, Yokohama, Japan, 2024, pp. 368–375, ISBN 978-4-910374-21-5.
- Janzen, K., Rieß, T., Emmelmann, C., Investigation on curing strategies for metal binder jetting with Ti-6Al-4V, Additive Manufacturing Letters 13 (2025). https://doi.org/10.1016/j.addlet.2025.100272.

A. Anhang

A.1 Potentials of Metal Binder Jetting Process Chains for Medical Parts

Die additive Fertigung (AM) von Metallkomponenten bietet ein enormes Potenzial für patientenspezifische medizinische Anwendungen. Endoprothesen wie künstliche Hüftgelenke werden bereits erfolgreich mit dem Laser- oder Elektronen-Pulverbett-Fusionsverfahren (L-/E-PBF) hergestellt. In jüngster Zeit rücken jedoch zunehmend neue sinterbasierte AM-Verfahren in den Fokus. Das Metal Binder Jetting (MBJ) verspricht geringere Herstellungskosten bei gleicher oder höherer Geometriefreiheit und Genauigkeit als L- oder E-PBF. Konkrete industrielle Anwendungsbeispiele stehen jedoch noch aus. In dieser Arbeit wird daher eine mögliche Prozesskette und deren Einflüsse für die MBJ-Herstellung von Ti-6Al-4V-Bauteilen vorgestellt und untersucht. Dazu werden Anforderungen an die mechanischen und chemischen Eigenschaften zusammengestellt, Kosten und Kostenstruktur sowie die Datenaufbereitung untersucht und mit L-PBF verglichen.

K. Janzen, *Potenzialerschließung des Metal Binder Jetting für die Medizintechnik*,
Light Engineering für die Praxis, https://doi.org/10.1007/978-3-662-72471-2

Potentials of Metal Binder Jetting Process Chains for Medical Parts[1]

Kevin Janzen[2], Patricia Groß[2], Philipp Imgrund[2], Claus Emmelmann[3]

Abstract

Additive manufacturing (AM) of metal components offers enormous potential for patient-specific medical applications. Endoprostheses such as artificial hip joints are already being successfully manufactured using the laser or electron powder bed fusion (L-/E-PBF) process. Recently, however, new sinter-based AM processes have increasingly come into focus. Metal binder jetting promises lower manufacturing costs with the same or higher geometrical freedom and accuracy as L- or E-PBF. Nevertheless, concrete industrial application examples are still pending. In this paper, a possible process chain and its influences for the MBJ production of Ti-6Al-4V parts is therefore presented and investigated. For this purpose, requirements for the mechanical and chemical properties are compiled, costs and cost structure as well as data preparation are investigated and compared to L-PBF.

---

[1] Diese Version des Artikels wurde nach einer Begutachtung durch Fachkollegen zur Veröffentlichung angenommen, ist jedoch nicht die endgültige Fassung und spiegelt keine nach der Annahme vorgenommenen Verbesserungen oder Korrekturen wider. Die endgültige Fassung ist wie folgt referenziert: Janzen, K., Groß, P., Imgrund, P., Emmelmann, C., Potentials of Metal Binder Jetting Process Chains for Medical Parts, in: Developing the powder metallurgy future, European Powder Metallurgy Association (EPMA), Shrewsbury, United Kingdom, 2022, ISBN 978-1-899072-55-2.

[2] Fraunhofer-Einrichtung für Additive Produktionstechnologien IAPT, Am Schleusengraben 14, 21029 Hamburg

[3] Institut für Anlagen- und Lasersystemtechnik iLAS, Technische Universität Hamburg TUHH, Denickestr. 17, 21073 Hamburg

1 Introduction

Additive Manufacturing (AM) has become increasingly mature in recent decades, generating many use cases in one sector in particular: Medical technology. Especially in the dental sector, the plastic 3D printing process stereolithography is increasingly gaining ground against conventional methods [1, 2]. However, metal processes have also evolved and led to many new application possibilities and choice of materials [3]. Endoprostheses for hips or knees produced by laser or electron beam powder bed fusion (L-PBF/E-PBF) are nowadays industry standard [4]. The newly gained geometric freedom of AM can be fully exploited here and has led to higher-performance components. This is particularly evident in the case of osseointegrative structures on acetabular cups, which would not have been possible with conventional manufacturing processes [5]. Hip cups and spinal cages are among the few AM components manufactured in large lot sizes today [4, 6]. From an economic point of view, this area is therefore seen as one of the keys to the further spread of AM in general and metal processes in particular. In order to open up further areas for AM, in addition to the obvious advantages such as geometric complexity and flexibility of small lot sizes, it is therefore also important to reduce the costs for larger batch sizes and to make applications in series production more attractive. Especially the above-mentioned use cases should therefore be investigated for their feasibility by means of MBJ, which promises higher productivity and lower unit costs for series production in the future [7].

Figure 1: TPMS (triply periodic minimal surfaces) structures manufactured from 316L by MBJ

The process already offers high geometric freedom and fine component resolution (see Figure 1). However, the expected material properties still represent a hurdle. A particular challenge here is the processing of reactive metals such as Ti-6Al-4V, which poses high demands on the sintering process, especially due to its tendency to pick up carbon, nitrogen and especially oxygen [8–11]. A significant decrease in ductility can already be assumed at an oxygen content of above 0.33 wt.% [8]. At the same time, titanium alloys such as Ti-6Al-4V have a particularly high relevance for medical technology, due to high corrosion resistance, biocompatibility and attractive mechanical properties. Therefore, a possible process chain and its influences on achievable manufacturing quality, costs and lead time will be investigated in the following.

2 Metal Binder Jetting Process Chain

Sinter-based AM processes, especially metal binder jetting, promise to be an important element for the future of low-cost printed metal components [7]. Despite the fact that the technology is experiencing rapidly growing popularity, especially in the last five years, its invention dates back a little further. Binder jetting was developed back in the 1990s, mainly at MIT [12]. Its principle is that an organic binder is applied layer wise to a powder bed while after each layer the build platform is lowered by a fixed value. By repeating these steps, a three-dimensional green body is thus formed. After 3D printing, the process steps of curing, depowdering, debindering (by thermal degradation) and sintering follow [12–14]:

1. **Curing:** In order for the green bodies to achieve a certain mechanical stability so that damage-free depowdering is possible, it is necessary for them to be thermally cured. Temperature, heating ramp and treatment time depend on binder type and quantity.
2. **Depowdering:** After curing, the green bodies are freed from loose powder. For reactive materials such as Ti-6Al-4V, this step should take place in the absence of oxygen to prevent possible dust explosions as well as oxygen pickup (in case the powder should be reused [10]).
3. **Debinding:** The binder is thermally degraded and evaporates from the component. What remains is a carbon component that leaves the component during the sintering step [13].
4. **Sintering:** During sintering, the particles are bonded together, resulting in densification. Debinding and sintering can also be performed in a joint thermal cycle [15]. Thru densification the components shrink because the particles move closer together and form a microstructure.

The influences over the entire Metal Binder Jetting process chain are shown in an Ishikawa diagram in Figure 2. In the following, requirements and their influences are considered in particular with regard to the manufacturing of green parts of Ti-6Al-4V. The highlighted factors in Figure 2 material characteristics and printing process have the most direct influence on the quality and cost of the green bodies and will therefore be looked at in more detail below.

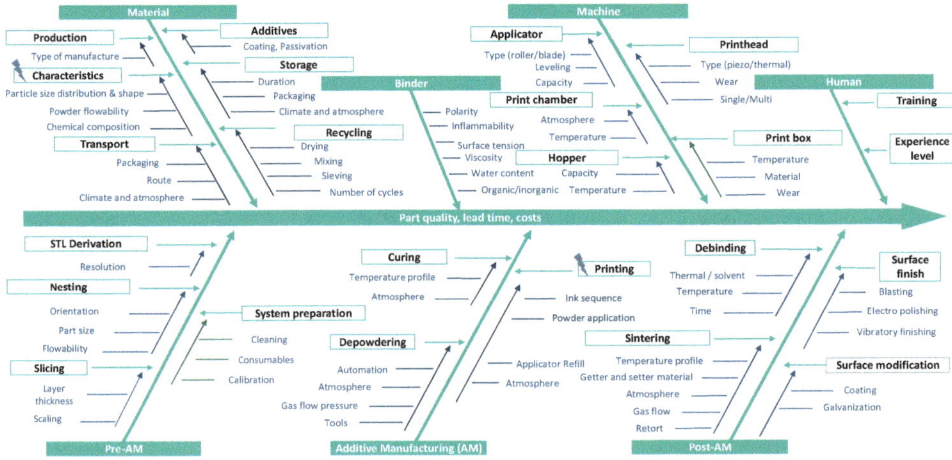

Figure 2: Ishikawa diagram for Metal Binder Jetting

2.1 Powder Characteristics

Figure 2 shows that many factors have an influence on the manufacturing process and the final component properties, lead time and costs. However, especially the selection of the powder influences the process chain in all steps. Spherical powders are usually preferred, since they provide the required flowability for the application [16]. Fine-scale powders allow lower layer thicknesses and thus a higher component resolution. They can also bring advantages for sintering kinetics [11]. At the same time, extremely fine powders below 5 micron tend to agglomerate due to Van der Waal's forces [16]. For reactive metals (such as Ti-6Al-4V or Aluminium), it also applies that for powders with a fines content of less than 5 microns, additional protective measures should be taken with regard to possible powder explosions, since the larger surface area reduces the required ignition energy for powder explosions [17]. Even small deviations in shape and particle size distribution can have a major impact on the flowability and cohesion of the powders, and thus on the entire printing process. To demonstrate this dependence, two Ti-6Al-4V powders with similar particle size distributions between 5 and 25 microns from different manufacturers were investigated with respect to their flowability and cohesion. The particle size distribution of the two powders was determined using a Camsizer X2 from Microtrac and is shown in Table 1.

Table 1: Powder size distributions of investigated Ti-6Al-4V powders

Powder	D10	D50	D90
Tekna	9,2	15,3	21,2
Eckart TLS	11,1	16,6	24,6

A rotating drum from the company GranuTools (GranuDrum) was used to determine the flowability and cohesion of each powder. Here, a cylinder containing a powder sample is rotated at several fixed velocity intervals, while a camera records the flow through a glass window in the direction of the axis of rotation. The deviations of the interface are then used to determine the so-called Cohesive Index (CI), which has a direct proportional relationship to the total cohesive forces, i.e. Van der Waals, capillary, electrostatic forces and magnetic interactions [18]. Despite the relatively similar particle size distribution of the powders, one can see clear differences in the flowability, which have a direct influence on the coating and thus the entire printing process (see Figure 3).

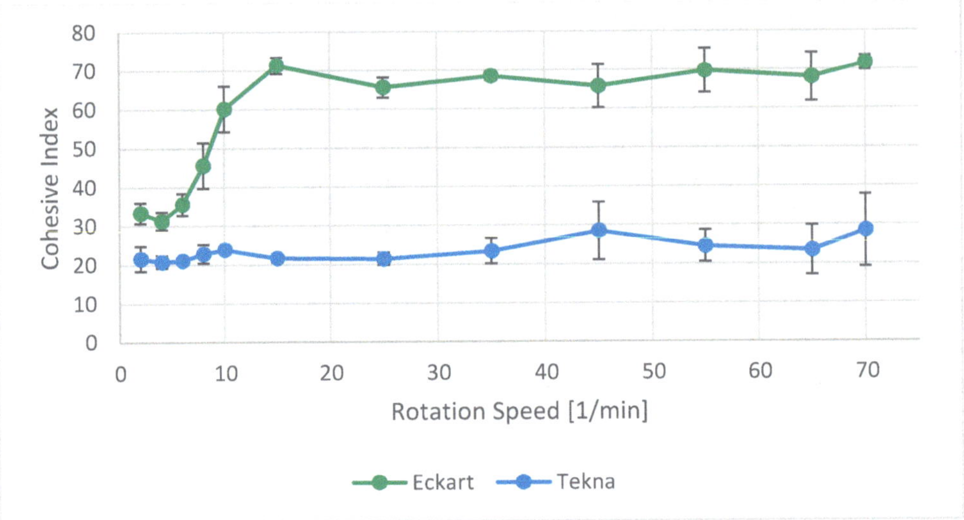

Figure 3: Cohesive Index (CI) for two different Ti6Al4V powders

In addition to the shape and powder size distribution of the powder used, the chemical composition of the material is also particularly decisive. Relevant limit values for oxygen, nitrogen and carbon contents must not be exceeded for the final component. This applies even more to the raw material, as these values tend to increase throughout the entire process chain, and especially in the sintering step [8, 10].

Table 2: Chemical composition according to ASTM F2885 -17 [19]

Element	Composition, wt.%		
	Powder		Product analysis
	Min.	Max.	Tolerance
Nitrogen	-	0,05	0,02
Carbon	-	0,08	0,02
Hydrogen	-	0,015	0,002
Iron	-	0,3	0,1
Oxygen	-	0,2	0,02
Aluminum	5,5	6,75	0,4
Vanadium	3,5	4,5	0,15
Yttrium	-	0,005	0,0006
Titanium	Balance		

Since there are no standards yet for the MBJ process with regard to the manufacture of medical devices, it makes sense to refer to the corresponding standards from metal injection molding. Table 1 summarizes the requirements for the chemical composition of powder and end product for the manufacture of surgical implants from Ti-6Al-4V [19]. It is noticeable that there is only a very small tolerance window of 0.02 mass percent for the oxygen pick up, provided that the raw material is somewhere within the standard. For titanium components, this means, in terms of the related MIM process chain, that typically starting with Grade 23 powders will ultimately result in Grade 5 components [10].

No studies are yet known for Ti-6Al-4V on powder handling und reuse for MBJ. Ebel et al. induce that titanium powder should always be handled in an inert gas atmosphere [10]. Mirzababaei et al. investigated recyclability of 316L stainless steel powder for MBJ and found coarsening of the powder and a 0.036 wt.% increase in oxygen content after the powder had gone through 16 cycles [20]. Overall, the type of powder handling plays an important role in the entire process and represents a trade-off between quality and cost.

2.2 Process Parameters

In addition to the influence of the powder used, the process parameters also play a major role in the achievable quality of the subsequent components. Errors in the structure, voids and green part porosities cannot be compensated in the later process steps debinding and sintering and are transferred to the final component.

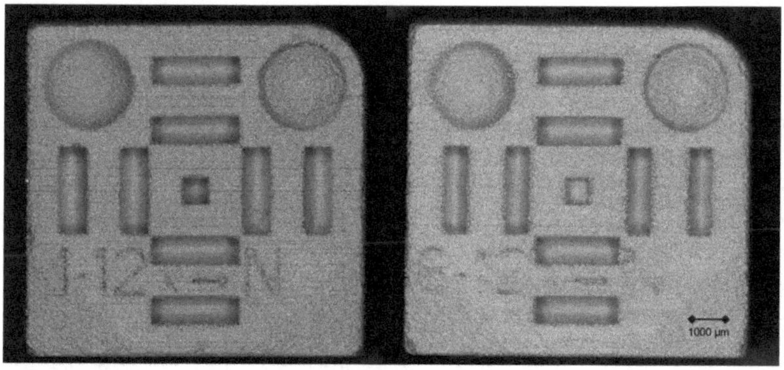

Figure 4: Reference cube (geometry provided by Digital Metal) in green part stadium printed at 200 mm/s (left) and 500 mm/s print speed (right)

Furthermore, the selected process parameters have a direct influence on the component costs. With higher printing speeds, faster build rates can be achieved, which may reduce machine hours and thus component costs. However, this is usually at the expense of part quality and resolution. An example is shown in Figure 3. Both pictures show the same reference cube built up with 200 (left) and with 500 mm/s (right) print speed on a DMP2500 from Digital Metal. This corresponds to buildup rates of 115 and 230 cm^3/h, respectively. In both cases, the layer thickness was 36 µm and the same Ti-6Al-4V powder from Tekna with a powder size distribution between 5 and 25 µm was used.

3 Potential Analysis and Cost Consideration

The potential evaluation consists of an economic evaluation and a technical evaluation, which leads to the selection of a suitable production method. This is to be carried out on the basis of a concrete component from the medical field. An example geometry for acetabular cups was used for this purpose, as these are one of the most common use cases for metal 3D printing. Figure 5 the nested parts in a 250 x 217 x 70 mm print box from Digital Metal.

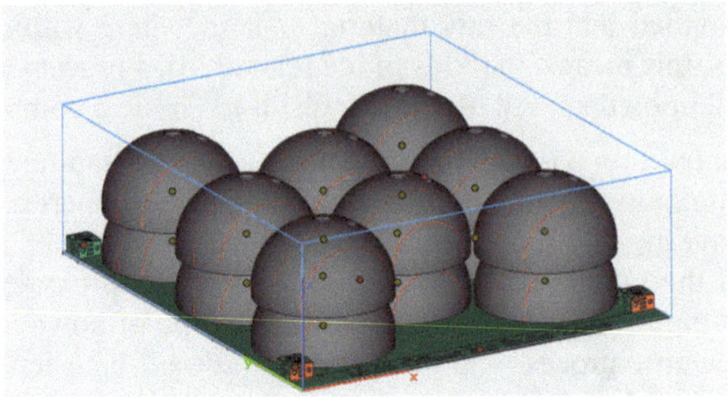

Figure 5: Acetabular cups (example geometry) nested in a MBJ print box (250 x 217 x 70 mm)

The unit costs C_u of the manufacturing processes under consideration are calculated according to the principle of fixed cost proportionalization:

$$C_u = \frac{C_f}{x} + C_v \tag{3.1}$$

The fixed costs (e.g. depreciation costs of the machines) are related to the number of units , whereby a higher production quantity leads to lower unit costs. The variable unit costs , on the other hand, contain costs that can be allocated to the production units according to their cause (e.g. material and labor costs) [21]. According to this principle, the costs for each necessary process step were calculated. For MBJ, these are shaping (considered system Digital Metal DMP2500), curing, depowdering, debinding and sintering. For L-PBF, printing on a dual-laser system (SLM Solutions 280), depowdering, heat treatment and support removal were considered. The unit costs for the two processes considered are shown in Figure 5 as a function of the annual number of units.

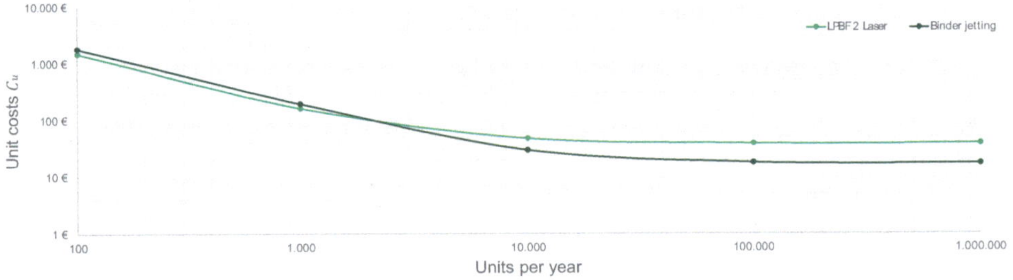

Figure 5: Unit costs for MBJ and L-PBF as a function of annual unit quantities (logarithmic scale)

In the calculation, it was assumed that only the example component is produced on the system. This assumption results in very high costs for smaller quantities, since the fixed costs (in particular depreciation costs) are only distributed over a few components. The higher investment costs of the MBJ process chain with subsequent sintering technology are particularly reflected here.

4 Conclusion

Despite the high potential offered by MBJ in terms of costs and productivity, implant applications have so far remained absent [22]. Oxygen, carbon and nitrogen input continues to be a major hurdle. In addition to sources that also apply to established L-PBF processes (powder handling), debinding and sintering also come into consideration here as even more serious types of input. Processes must be optimized and further developed in order to meet the requirements of the relevant standards. The manufacturing process itself must be precisely tailored to the application. This includes the right choice of powder, binder and system technology. Process parameters can also be adapted to the application. With less stringent requirements for precision and/or density, higher print speeds can realize higher productivity and cost savings. Besides the cost savings, the possibility of patient adaptation is a great advantage in Binder Jetting.

In chapter 3 exemplary cost curves for MBJ and L-PBF were compared. A cost advantage for MBJ could be determined here from an annual quantity of around 2,000 units. One reason for this is primarily the higher investment costs of the required plant technology. It can be expected that system prices will fall in the medium term especially for MBJ system as the technology becomes more widely accepted and manufacturers deliver more systems and reduce production costs. Due to the fact that laser technology is not required, MBJ still offers great potential here compared to L-PBF. Furthermore, productivity and cost efficiency could be further optimized through larger print boxes.

References

[1] M. Munsch, M. Schmidt-Lehr, E. Wycisk, and T. Führer, "AMPOWER Report Polymer 2021," Hamburg, 2021.

[2] T. Wohlers, I. Campbell, O. Diegel, and R. Huff, "Wohlers Report 2020: 3D Printing and Additive Manufacturing Global State of the Industry," 2020.

[3] D. Herzog, V. Seyda, E. Wycisk, and C. Emmelmann, "Additive manufacturing of metals," Acta Materialia, vol. 117, no. 3, pp. 371–392, 2016, doi: 10.1016/j.actamat.2016.07.019.

[4] M. Munsch, M. Schmidt-Lehr, E. Wycisk, and T. Führer, "AMPOWER Report Metal 2021," Hamburg, 2021.

[5] C. Emmelmann, P. Scheinemann, M. Munsch, and V. Seyda, "Laser Additive Manufacturing of Modified Implant Surfaces with Osseointegrative Characteristics," Physics Procedia, vol. 12, pp. 375–384, 2011, doi: 10.1016/j.phpro.2011.03.048.

[6] Dall'Ava, Hothi, Di Laura, Henckel, and Hart, "3D Printed Acetabular Cups for Total Hip Arthroplasty: A Review Article," Metals, vol. 9, no. 7, p. 729, 2019, doi: 10.3390/met9070729.

[7] M. Munsch, M. Schmidt-Lehr, E. Wycisk, and T. Führer, "Metal Additive Manufacturing with sinter-based technologies," Hamburg, AMPOWER Insights 3, 2018.

[8] T. Ebel, O. Milagres Ferri, W. Limberg, M. Oehring, F. Pyczak, and F. P. Schimansky, "Metal Injection Moulding of Titanium and Titanium-Aluminides," KEM, vol. 520, pp. 153–160, 2012, doi: 10.4028/www.scientific.net/KEM.520.153.

[9] F. H. S. Froes, "Advances in titanium metal injection molding," Powder Metall Met Ceram, vol. 46, 5-6, pp. 303–310, 2007, doi: 10.1007/s11106-007-0048-y.

[10] T. Ebel, V. Friederici, P. Imgrund, and T. Hartwig, "Metal injection molding of titanium," in Titanium Powder Metallurgy: Elsevier, 2015, pp. 337–360.

[11] U. Viehöfer, W. Winkelmüller, M. Lang, and M. Scharvogel, "VERFAHREN ZUR PULVERMETALLURGISCHEN HERSTELLUNG VON BAUTEILEN AUS TITAN ODER TITANLEGIERUNGEN - European Patent Office - EP 3231536 A1,"
[12] I. Gibson, D. Rosen, B. Stucker, and M. Khorasani, Additive Manufacturing Technologies. Cham: Springer International Publishing, 2021.
[13] S. Mirzababaei and S. Pasebani, "A Review on Binder Jet Additive Manufacturing of 316L Stainless Steel," JMMP, vol. 3, no. 3, p. 82, 2019, doi: 10.3390/jmmp3030082.
[14] M. Ziaee and N. B. Crane, "Binder jetting: A review of process, materials, and methods," Additive Manufacturing, vol. 28, no. 6, pp. 781–801, 2019, doi: 10.1016/j.addma.2019.05.031.
[15] R. M. German and A. Bose, Injection molding of metals and ceramics. Princeton, N.J.: Metal Powder Industries Federation, 1997.
[16] B. Utela, D. Storti, R. Anderson, and M. Ganter, "A review of process development steps for new material systems in three dimensional printing (3DP)," Journal of Manufacturing Processes, vol. 10, no. 2, pp. 96–104, 2008, doi: 10.1016/j.jmapro.2009.03.002.
[17] Q. Wang et al., "Minimum ignition temperatures and explosion characteristics of micron-sized aluminium powder," Journal of Loss Prevention in the Process Industries, vol. 64, p. 104076, 2020, doi: 10.1016/j.jlp.2020.104076.
[18] G. Lumay, A. Neveu, and F. Francqui, "Measuring Powder Flow Properties in a Rotating Drum," SSRN Journal, 2022, doi: 10.2139/ssrn.4040037.
[19] Standard Specification for Metal Injection Molded Titanium-6Aluminum-4Vanadium Components for Surgical Implant Applications, 2885-17, ASTM.
[20] S. Mirzababaei, B. K. Paul, and S. Pasebani, "Metal Powder Recyclability in Binder Jet Additive Manufacturing," JOM, vol. 72, no. 9, pp. 3070–3079, 2020, doi: 10.1007/s11837-020-04258-6.
[21] R. S. Pindyck and D. L. Rubinfeld, Mikroökonomie, 4th ed. München, Wien: Oldenbourg Wissenschaftsverlag, 1998.
[22] M. Salmi, "Additive Manufacturing Processes in Medical Applications," Materials (Basel, Switzerland), vol. 14, no. 1, 2021, doi: 10.3390/ma14010191.

A.2 Fabrication of patient-specific finger joint implants from Ti-6Al-4V using metal binder jetting

Die Entwicklung personalisierter medizinischer Lösungen ist entscheidend für den Erhalt des Patientenkomforts und der Gelenkmobilität. Das Metal Binder Jetting (MBJ) bietet einzigartige Vorteile für die industrielle Herstellung maßgeschneiderter und patientenspezifischer Implantate. In diesem Beitrag werden das MBJ-Verfahren, seine Herausforderungen und vorgeschlagene Lösungsansätze erörtert. Speziell wird die Prozessroute des Binder Jetting untersucht, die in einem Forschungsprojekt für Fingergelenkimplantate verwendet wurde. Es wird auf die Herausforderungen im Zusammenhang mit der Fließfähigkeit des Pulvers, der Reaktivität des Pulvers und dem Einfluss der Atmosphäre während der Aushärtung eingegangen. Die erfolgreiche Herstellung von Implantaten mit MBJ wird ebenso vorgestellt wie die Notwendigkeit weiterer Untersuchungen zur Optimierung der Fließfähigkeit des Pulvers, zur Verringerung der Abfallmenge und zur Verbesserung der Materialeigenschaften. Das Potenzial von MBJ im medizinischen Bereich und die Bedeutung des Pulverrecyclings werden als zukünftige Forschungsrichtungen hervorgehoben.

Transactions on Additive Manufacturing Meets Medicine
Trans. AMMM, 2023, Vol. 5, No 1, Article ID 830, 4 Pages

Infinite Science Publishing

Original Research Article

Fabrication of patient-specific finger joint implants from Ti-6Al-4V using metal binder jetting

K. Janzen[1*] and K. Kallies[1]

[1] *Fraunhofer Research Institution for Additive Manufacturing Technologies IAPT, Hamburg, Germany*
[*] *Corresponding author, email: kevin.janzen@iapt.fraunhofer.de*

Abstract: Developing personalized medical solutions is crucial for preserving patient comfort and joint mobility. Metal Binder Jetting (MBJ) offers unique advantages for industrializing custom-made and patient-specific implants. This paper discusses the MBJ process, its challenges, and proposed approaches to address them. Specifically, the binder jetting process route used in a research project for finger joint implants is examined. Challenges related to powder flowability, powder reactivity, and the impact of atmosphere during curing are highlighted. The successful manufacturing of implants using MBJ is presented, along with the need for further investigations to optimize powder flowability, reduce waste rates, and enhance material properties. The potential of MBJ in the medical sector and the importance of powder recycling are emphasized as future research directions.

I. Introduction

Developing personalized solutions for medical applications is essential to create new treatments that do not impede the patients comfort and joint movement [1]. Additive Manufacturing (AM) offers many characteristics to successfully industrialize custom made and patient specific implants [2]. This motivation is constantly driving the development of AM processes using biocompatible materials such as titanium. In recent times Metal Binder Jetting (MBJ) has become a promising alternative to other powder-based AM technologies such as laser powder bed fusion (L-PBF) [3,4]. Using only a binder to pre-bond the powder to create green parts for sintering avoids the introduction of residual stresses which is typically seen in laser-based manufacturing methods and also allows for finer details [5], which are often necessary for medicinal applications. Swapping the laser for an inkjet printhead also means lower entry costs for the technology in the future.

To work towards the goal of industrialization of the MBJ process, the procedure itself as well as its benefits and challenges need to be studied. This paper compiles the different steps in the AM process and defines said challenges. Also, necessary or possible approaches to handle said challenges are proposed.

Within the framework of the Fraunhofer-intern research project FingerKIt, a new automated process chain for patient-specific finger joint implants, was developed. The project focuses on optimizing the manufacturing process of certified implants regarding time, cost and level of customization. The manufactured implants are specifically designed to replace finger joints with lost or restricted movement. High demands are especially placed on the comparatively small implants in terms of individual fit and biomechanical stress. X-rays of the finger bones are used to calculate three dimensional models via a new artificial intelligence supported software.

Figure 1: finger joints for metacarpal bone on index finger, middle finger, ring finger, little finger (from left to right)

Transactions on Additive Manufacturing Meets Medicine

Infinite Science Publishing

An example for different finger implants for the metacarpal bones is given in Fig. 1. The size of the implant varies depending on the finger joint and the patient. The depicted joints range from about 22 mm to 27 mm in height.

These models then can be used to create the detailed implants with MBJ. In this publication, the specifics of the binder jetting process route used within the project are discussed in more detail [6].

With MBJ being a sinter-based AM technology, the used powder needs to be finer than those used in other AM processes as L-PBF to uphold a certain level of sinter kinetic. Smaller particles however result in a more cohesive powder which impacts the flowability negatively [7,8]. Determining the impact of the flowability in the process using titanium powder is an important step to fully quantify and assess their influence. Necessary steps or changes in the process should then be discussed.

Ti-6Al-4V is one of the most commonly used titanium alloys because of its good mechanical properties caused by the aluminum as a α-phase stabilizer and vanadium as a β-stabilizer, which is why it is used for this project [9].

The usage of titanium and titanium alloys brings a lot of chances regarding implant technologies, but also creates challenges for the process because of its properties.

One of the downsides when using titanium powder is its reactivity with oxygen which can lead to fires or explosions if improperly handled. The risk of dust explosions, caused by dispersed powder in air, rises the finer the used powder is. Therefor extra steps in terms of work safety should be considered. Implementing those without unnecessarily prolonging the manufacturing process should be discussed. Another challenge is its tendency to absorb different elements like nitrogen, carbon and oxygen at higher temperatures which effect its mechanical properties, especially causing the material to embrittle [10,11]. The temperatures used in the manufacturing process but also during powder conditioning should be documented and kept as low as possible to ensure consistent part quality.

II. Material and methods

The first step in the process chain of MBJ is the preparation of the powder to ensure a consistent part quality. Virgin powder normally does not require any conditioning, however, already used metal powders should be sieved and dried beforehand to optimize the flowability of the particles. Sieving mainly removes agglomerations of powder caused by binder residues or interlocking due to deformed particles. Drying the powder at low temperatures reduces the humidity and therefore the capillary forces in between the particles restricting its flowability.

In this case a gas-atomized titanium alloy powder (Ti-6Al-4V) with a particle size distribution (PSD) between 5 and 25 µm was used (the exact distribution can be found in Table 1). The PSD was determined with the Camsizer X2 using dynamic image analysis.

Table 1: Particle size distribution for the used powder determined by Dynamic Image Analysis (DIA)

D10	D50	D90
9.2 µm	15.3 µm	21.2 µm

The printing process itself, conducted on a Digital Metal DM P2500, consists of dispensing a thin layer of metal powder onto the print bed and afterwards applying the water-based binder via a printer cartridge to the sections that create the implant later on. The layer height for these prints was 36 µm. These steps are repeated until all of the parts are built. The unbound powder in the print bed acts as support material for the parts, which allows for intricate designs with large overhangs and undercuts.

Since it is not bonded with the actual part, it almost can be fully reused. The achievable level of detail is especially relevant in the medical sector because it allows for the manufacturing of optimal surface properties for bone growth to ensure a proper connection of the implant to the bone [12]. An advanced example for such geometries is triply periodic minimal surfaces (TPMS) as shown in Fig. 2 on a test specimen for in-vitro push-out tests.

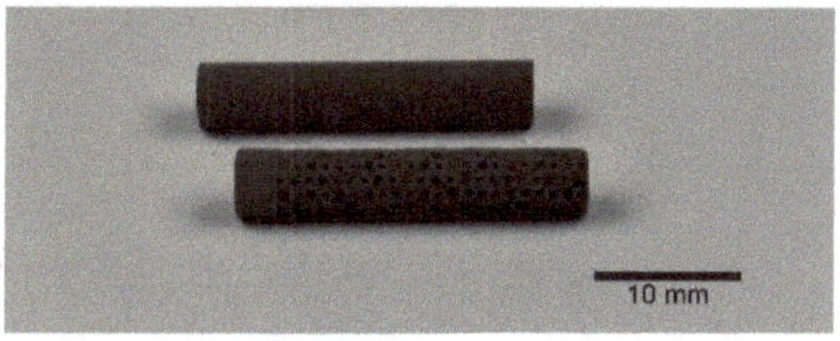

Figure 2: Example for triply periodic minimal surfaces (TPMS)

In the next step, the applied binder needs to be thermally cured to strengthen the green parts for depowdering and part handling. When moving the print box, it is covered to ensure that none of the powder is being dispersed into the air to avoid the mentioned dust explosions. For curing a Nabertherm oven with a set temperature of 200 °C over a time of 2 hours and a heating ramp of 2.5 hours is used to fully harden the binder. The parts are treated under ambient atmosphere.

The parts are now stable enough to be depowdered, the process in which all of the unbound powder is removed. This process still needs to be done carefully, as the part is only held together by the binder. The utilization of a closed box and a compressed air pistol is commonly used to remove the excess powder especially from small spaces. However, because of its reactive nature titanium should only be depowdered in an inert environment and when possible with a brush as to disperse as little powder as possible and to avoid dust explosions. For this work a glovebox with nitrogen atmosphere was used.

Transactions on Additive Manufacturing Meets Medicine

Infinite Science Publishing

In the next step the cured binder is thermally degraded. By heating the green part to a specific temperature most of the binder breaks down leaving only a carbon component which ensures that the particles are held in place for sintering without interfering with the sintering process. The so-called brown parts are very fragile and need to be handled carefully to avoid damaging them.

Both debinding and sintering took place externally at Element22 GmbH in Kiel. For these specific parts the patented process according to EP 3 231 536 A1 is used. This method is defined by a lower than normal sintering temperature (maximum of 1100 °C) for less than 5 hours under an atmosphere with reduced pressure. To ensure the complete sintering of the parts a PSD <25 µm is required because of the higher sintering kinetics. An additional sinter support, in which the implant can be placed is manufactured to help keep its shape (Fig. 2 on the right). The coating, used to prevent the two parts from bonding, is a ceramic based releasing agent. An example for a sintered implant is given in Fig. 3 on the left.

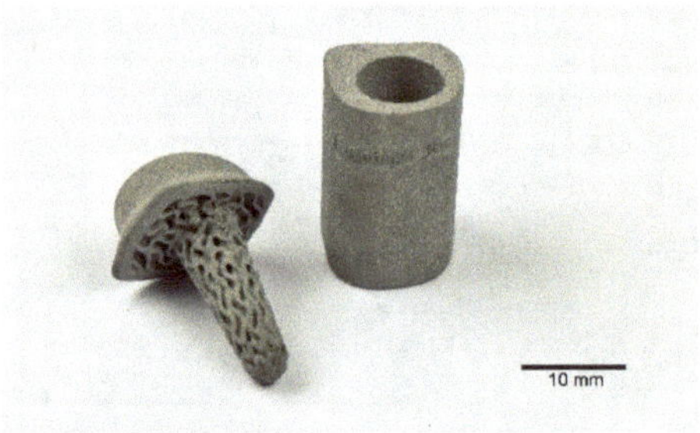

Figure 3: Sintered finger implant (left) and sinter support (right)

After this step the parts have their final mechanical properties. Due to the MBJ process the parts need minimal reworking, only gliding surfaces like the socket or joint head should be polished afterwards. A pair of joints, finished with electropolishing, is depicted in Fig. 4.

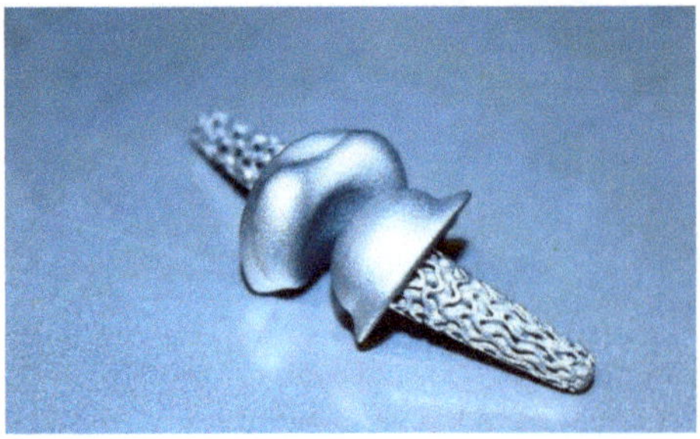

Figure 4: Finished finger joint implant for the proximal phalanx (left) and metacarpal bone (right)

III. Results and discussion

The study was conducted to identify the different steps necessary for the MBJ process and as a proof of concept for its application in the FingerKIt project.

All parts were successfully manufactured using the described methods. MBJ is a promising process for manufacturing personalized implants in the medical industry.

The use of Ti-6Al-4V powders with fine particle size distributions is feasible, however, during the printing process some process fluctuations were detected.

First of all, even though the powder was dried, examination showed a diminished flowability of the powder, most likely caused by the smaller particle size distribution compared to more commonly used powders. A further examination of the drying process could shed light on how to best minimize this effect. Flowability of the powder should be defined by using the rotating drum principle to measure the avalanche angle.

The powder was exposed to air especially during the drying and curing process. The influence of different atmospheres during those steps should be quantified using a mass spectrometer to monitor oxygen, nitrogen and carbon pickup. Works carried out on different MBJ systems and with stainless steels suggest that the atmosphere chosen for curing may have an effect on green part strength [13]. A flexural test can be used to quantify this hypothesis.

The safety measures that were taken when handling open titanium powder, did not slow down the manufacturing process.

During depowdering and sieving a certain amount of powder could not be recycled. An adjustment of the process to reduce waste-rates in manually performed tasks should be examined.

IV. Conclusions

The MBJ process itself is able to produce high quality parts with unique characteristics. Its ability to form intricate surfaces and 3D-models and therefore its application in the medicinal sector should be explored further.

However, more investigations on Ti-6Al-4V are necessary in order to achieve lower waste rates during depowdering. In addition, it should also be investigated to what extent different curing and drying strategies influence the carbon and oxygen pick-up over the entire process chain.

To reduce the cost of manufacturing and to lessen the environmental impact of the process, powder recycling and its effect on green part and finished parts should be studied furthermore. A possible approach would be to cure and dry the parts and powder under inert atmosphere to reduce the absorption of carbon and oxygen, which can influence the material properties negatively. The impact of drying time

Transactions on Additive Manufacturing Meets Medicine

Infinite Science Publishing

and temperature can be analyzed by using design of experiments (DoE) to determine the significance of the effects on this process. Furthermore, the influence on PSD during recycling should be studied. The recycling of powder would contribute to a manufacturing process with little to no waste.

ACKNOWLEDGMENTS

This work was supported by the Fraunhofer Internal Programs under Grant No. PREPARE 840226

AUTHOR'S STATEMENT

Conflict of interest: Authors state no conflict of interest. Informed consent: Informed consent has been obtained from all individuals included in this study. Ethical approval: The research related to human use complies with all the relevant national regulations, institutional policies and was performed in accordance with the tenets of the Helsinki Declaration, and has been approved by the authors' institutional review board or equivalent committee.

REFERENCES

[1] J.M. Haglin, A.E.M. Eltorai, J.A. Gil, S.E. Marcaccio, J. Botero-Hincapie, A.H. Daniels, Patient-Specific Orthopaedic Implants, Orthop. Surg. 8 (2016) 417–424. https://doi.org/10.1111/os.12282.

[2] D. Herzog, V. Seyda, E. Wycisk, C. Emmelmann, Additive manufacturing of metals, Acta Materialia 117 (2016) 371–392. https://doi.org/10.1016/j.actamat.2016.07.019.

[3] M. Munsch, M. Schmidt-Lehr, E. Wycisk, T. Führer, Metal Additive Manufacturing with sinter-based technologies, Hamburg, 2018.

[4] K. Janzen, P. Groß, P. Imgrund, C. Emmelmann, Potentials of Metal Binder Jetting Process Chains for Medical Parts, World PM2022 Proceedings (2022).

[5] S. Mirzababaei, S. Pasebani, A Review on Binder Jet Additive Manufacturing of 316L Stainless Steel, JMMP 3 (2019) 82. https://doi.org/10.3390/jmmp3030082.

[6] Mehr Beweglichkeit durch KI: Individualisierte Fingergelenksimplantate aus dem 3D-Drucker. https://www.iapt.fraunhofer.de/de/pressemedien/presseinformationen/FingerKlt.html.

[7] B. Barthel, Metal Binder Jetting process chain considerations, Bremen, 2019.

[8] B. Barthel, F. Janas, S. Wieland, Powder condition and spreading parameter impact on green and sintered density in metal binder jetting, Powder Metallurgy 100707 (2021) 1–9. https://doi.org/10.1080/00325899.2021.1912923.

[9] J. Sieniawski, W. Ziaja (Eds.), Titanium Alloys: Advances in Properties Control, IntechOpen, Erscheinungsort nicht ermittelbar, 2013.

[10] T. Ebel, V. Friederici, P. Imgrund, T. Hartwig, Metal injection molding of titanium, in: Titanium Powder Metallurgy, Elsevier, 2015, pp. 337–360.

[11] Institut für Arbeitsschutz der Deutschen Gesetzlichen Unfallversicherung, Titan, Pulver: GESTIS-Stoffdatenbank. https://gestis.dguv.de/data?name=008170 (accessed 12 June 2023).

[12] C. Emmelmann, P. Scheinemann, M. Munsch, V. Seyda, Laser Additive Manufacturing of Modified Implant Surfaces with Osseointegrative Characteristics, Physics Procedia 12 (2011) 375–384. https://doi.org/10.1016/j.phpro.2011.03.048.

[13] K. Zissel, E.B. Quejido, T. Deckers, P. Forêt, E. Hryha, Binder Jetting – Reusability of 17-4 PH Stainless Steel Powder, World PM2022 Proceedings.

A.3 Influence of Different Powder Conditioning Strategies on Metal Binder Jet-ting with Ti-6Al-4V

Metal Binder Jetting (MBJ) bietet ein großes Potenzial für die Medizintechnik. Dieses Potenzial kann durch die Integration in bestehende Prozessrouten, wie sie aus dem Metallpulver-Spritzguss (MIM) bekannt sind, ausgeschöpft werden. Die größte Herausforderung ist dabei die Fließfähigkeit und das Packungsverhalten der verwendeten Pulver aufgrund ihrer geringen Größenverteilungen. In dieser Arbeit werden verschiedene Pulvertrocknungsstrategien zur Verbesserung der Fließfähigkeit mittels eines statistischen Versuchsplans untersucht. Aufgrund seiner Relevanz für medizinische Anwendungen wird sphärisches Ti-6Al-4V-Pulver mit einer Größenverteilung unter 25 µm unter verschiedenen Parametern mittels Vakuum und Gasspülung getrocknet. Die untersuchten Parameter Zeit und Temperatur werden in einem Versuchsplan mit elf Versuchen und drei Mittelpunkten aus-gewählt. Die Zielparameter - Wassergehalt, Fließfähigkeit und Verunreinigungsgrad (Sauerstoff, Stickstoff) - des Pulvers werden analysiert. Zur Validierung werden praktische Testversuche auf einer industriellen Binder-Jetting-Anlage mit unkonditioniertem Pulver und Konditionierung mit optimierten Parametern durchgeführt, wobei die hergestellten Teile und das Pulverbett verglichen werden. Für das untersuchte Pulver wurde ein optimierter Trocknungszyklus mit einer Dauer von 6 h bei 200 °C ermittelt. Signifikante Verbesserungen der Maßhaltigkeit (von ±1,5 bis 0,3%) der Bau-teile und des optischen Eindrucks des Pulverbettes werden hierbei nachgewiesen.

materials MDPI

Article

Influence of Different Powder Conditioning Strategies on Metal Binder Jetting with Ti-6Al-4V

Kevin Janzen [1,*], Kim Julia Kallies [2], Lennart Waalkes [1], Philipp Imgrund [1] and Claus Emmelmann [3]

[1] Fraunhofer Research Institution for Additive Production Technologies IAPT, Am Schleusengraben 14, 21029 Hamburg, Germany; lennart.waalkes@iapt.fraunhofer.de (L.W.); philipp.imgrund@iapt.fraunhofer.de (P.I.)
[2] Faculty 2: Computer Science and Engineering, Frankfurt University of Applied Sciences, Nibelungenpl. 1, 60318 Frankfurt am Main, Germany; kallies@stud.fra-uas.de
[3] Institute of Laser and System Technologies (iLAS), Hamburg University of Technology TUHH, 21073 Hamburg, Germany; c.emmelmann@tuhh.de
* Correspondence: kevin.janzen@iapt.fraunhofer.de; Tel.: +49-40-484010-778

Abstract: Metal binder jetting shows great potential for medical technology. This potential can be exploited by integrating binder jetting into existing process routes known from metal injection molding. The biggest challenge here is the flowability and packing behavior of the powders used, due to their low size distributions. This paper investigates different powder-drying strategies to improve flowability using a statistical experimental design. Because of its relevance for medical applications, spherical Ti-6Al-4V powder with a size distribution under 25 μm is dried under various parameters using vacuum and gas purging. The investigated parameters, time and temperature, are selected in a central-composite-circumscribed test plan with eleven tests and three center points. The target parameters—water content, flowability and impurity levels (oxygen, nitrogen)—of the powder are analyzed. For validation, practical test trials are carried out on an industrial binder jetting system with unconditioned powder and conditioning with optimized parameters, comparing the manufactured parts and the powder bed. An optimized drying cycle with a duration of 6 h at 200 °C was determined for the investigated powder. Significant improvements in the dimensional accuracy (from ±1.5 to 0.3%) of the components and the visual impression of the powder bed are demonstrated.

Keywords: metal binder jetting; additive manufacturing; powder conditioning; titanium alloys

check for updates

Citation: Janzen, K.; Kallies, K.J.; Waalkes, L.; Imgrund, P.; Emmelmann, C. Influence of Different Powder Conditioning Strategies on Metal Binder Jetting with Ti-6Al-4V. *Materials* **2024**, *17*, 750. https://doi.org/10.3390/ma17030750

Academic Editor: Tomasz Czujko

Received: 11 January 2024
Revised: 30 January 2024
Accepted: 1 February 2024
Published: 4 February 2024

1. Introduction

Additive manufacturing (AM) offers new possibilities for patient-specific and personalized products in medical technology. There are already a number of applications for the widely used laser and electron-beam powder bed fusion (L/E-PBF), e.g., in the additive manufacturing of hip or knee implants [1–3]. Nevertheless, apart from these few very obvious medical technology use cases, AM technologies have not yet become widespread. Prostheses and implants with smaller accessible markets, like finger implants, are currently not economically feasible. The biggest hurdles continue to be the high investment that is required and, above all, the production and material costs [4]. With the market launch of the first metal binder jetting (MBJ) systems for industrial use, potential cost reductions were expected due to the elimination of expensive laser technology and the use of more cost-effective materials from metal injection molding (MIM), as well as seamless integration into similar process chains [5]. In contrast to L/E-PBF, in the MBJ process, metal particles are not fused by means of an energy input but are simply bonded using a liquid binder. This is followed by a debinding and sintering of the so-called green part, whereby the binder is removed and the metal particles enter the metallic bonds via diffusion processes and form a nearly dense component [6–8]. Despite the fact that the reduction in component costs seems possible and that medical technology in particular offers many promising applications for MBJ [9,10], this breakthrough has not yet been achieved [4]. Not only are the necessary investment costs still in comparable regions to those of the established L/E-PBF system manufacturers [11], there is also a lack of medically certified process routes for biomaterials like titanium, as well as suitable powder conditioning strategies to directly use MIM powders to integrate binder jetting into the corresponding process routes.

The most relevant material for biomedical applications and prostheses at present is titanium and its alloys because they have characteristics like biocompatibility and non-toxicity, and favorable mechanical properties [12,13]. MBJ, compared to fusion-based AM technologies like L-PBF or E-PBF, shows clear advantages in the manufacturing of titanium alloys, specifically for creating personalized biomedical devices. Especially intricate parts can be produced without the need for support structures. According to the literature, compared to L- and E-PBF, MBJ avoids thermal stresses, prevents shape distortion and cracking, and does not induce undesired microstructural features or material loss, ensuring high material recycling efficiency and cost-effectiveness, particularly for costly materials [6,14]. Despite these advantages, there is a lack of comprehensive literature available on MBJ regarding titanium and its alloys and the processing of fine MIM powders.

İyibilgin et al. demonstrated a density of around 92% through sintering CP-Ti parts at 1200 °C in an argon environment, highlighting the challenges presented by the lower density in the manufactured parts, resulting in reduced mechanical strength compared to conventional powder metallurgy methods [15]. Basalah et al. explored the effects of layer thickness (62–175 μm) and sintering temperature (800–1400 °C) on CP-Ti microstructure and densification. They managed to create porous samples (17–44%) that are suitable as a bone substitute, offering compressive strengths ranging from 27 to 509 MPa [16,17]. Sheydaeian et al. investigated the MBJ of CP-Ti, emphasizing the complexities associated with particle segregation during powder deposition and anisotropic shrinkage during sintering [18]. Wheat et al.'s findings confirmed these challenges, using computer tomography to visualize how particle size distribution affected the density and microstructure of green and sintered CP-Ti samples [19]. Polozov et al. attempted to fabricate Ti-22Al-25Nb alloy via the MBJ of mixed elemental powders, high-temperature reactive sintering (800–1100 °C), and subsequent annealing at 1400 °C. The resulting microstructure showcased a B2/β-phase with acicular Ti_2AlNb precipitates [20]. Miyanaji et al. proposed a physics-based model predicting the optimal saturation level for the binder jet printing of Ti-6Al-4V alloy, although its application in functional part fabrication remains unexplored beyond experimental verification [21]. Stevens et al. examined the Ti-6Al-4V alloy MBJ, revealing a varying sintered density across different structural areas due to powder–binder interactions during printing [22]. Simchi et al. explored the challenges in fabricating biomedical-grade titanium alloys using MBJ. They successfully demonstrated strategies to minimize pore formation during printing, achieving high-density Ti-6Al-4V parts comparable to commercial alloys, and emphasizing the potential of MBJ in custom biomaterial development. The carbon content (less than 0.02 wt.%) and nitrogen content (0.01 wt.%) aligned with the standard range for MIM. Nonetheless, sintering led to a moderate increase in oxygen content (by 30–50%) beyond the standard level [23]. Barthel et al. explored the influence of powder condition and spreading parameters on green and sintered density in MBJ for stainless steel 316L. Powder drying enhanced the statistical impact of spreading parameters, improving green density without affecting sintered density; layer thickness and roller diameter were the most impactful factors, with combinations leading to a high green density also yielding a high sintered density [24]. Zissel et al. assessed the reusability of 17–4PH stainless steel powder in MBJ, highlighting how changes in the powder properties and surface conditions impact the process' reproducibility and the properties of the final part. They investigated the degradation of reused powder through multiple cycles involving various process steps, like drying, sieving, printing, and curing, comparing its influence on print quality and green densities to that of virgin powder. Additionally, their research examined the impact of inert and reducing atmospheres on the powder's reusability during curing in the MBJ process [25].

One hurdle in the development of suitable sintering strategies for titanium alloys lies in the powder materials used for MBJ. Currently, because of their better flowability, powders with particle size distributions (PSD) of up to approx. 45 μm are generally used, which is above the typical PSD for MIM powders [7,26]. In addition to the use of other binder systems, this is the main reason why the integration of MBJ into MIM process routes causes difficulties. Due to the higher PSD that is required, users are forced to buy specific powder materials for MBJ despite the existing MIM process chain. Furthermore, the higher PSD reduces the sintering kinetics, which tends to lead to poorer material properties (especially residual porosities and coarser grain size), as well as longer sintering times [27]. In addition, MBJ components may not be able to be sintered together with MIM parts, which would have a negative effect on machine utilization. Miyanaji et al. investigated the potential of using fine copper powders in MBJ, examining their impact on green and sintered part properties. They explored how varying powder recoating settings and sintering parameters affect the density, shrinkage, microstructure, and mechanical characteristics of sintered specimens compared to copper specimens made from coarse powder materials, demonstrating that fine copper powder yields superior part properties (UTS of 179.4 MPa and elongation of 42.2%) compared to bimodal powder parts [28]. Bai et al. explored the use of bimodal powder mixtures in copper MBJ to improve part density and shrinkage control. Comparing mono-sized fine powders to bimodal mixtures, they found that the latter enhanced packing density (8.2%) and flowability (10.5%), increased sintered density (4.0%), and reduced sintering shrinkage (6.4%) [29]. Ziaee et al. investigated two methods of preparing fine 316 stainless steel powder for binder jetting, exploring their impact on sintered density and dimensions relative to direct printing into <22 μm powder. They revealed that while the sintered density and shrinkage of agglomerate materials vary with the density of the spread powder bed, incorporating nylon 12 powder as a space-holder allows for controlled porosity, enabling the creation of binder jetting systems with spatially controlled porosity while maintaining compatible shrinkage levels [30]. Du et al. explored the impact of particle size distribution on various densities in MBJ, also indicating that multimodal mixtures could achieve higher packing densities compared to individual powders. Analytical models revealed that an optimal mixing fraction leads to maximum mixture packing density, and the experimental findings aligned with these predictions, showcasing improved densities for powders with multimodal particle size distributions in most cases [31].

Patent EP3231536 A1 describes how to favorably influence the microstructure and mechanical properties of sintered titanium alloys by using powders with a size distribution of less than 25 μm and sintering at 1100 °C [32]. The authors did not find any studies on the use of MIM-typical powder size distributions below 25 μm for MBJ with Ti-6Al-4V at present. The following research article will therefore investigate possibilities for effective powder conditioning for the use of these powders in order to enable better integration into MIM process routes and create advantages for the subsequent sintering process.

2. Materials and Method

This chapter describes how the experiments were carried out. In addition to the actual experiments, the measuring equipment that was used is also explained in more detail and the necessary sampling is described. The room humidity and ambient temperature were documented several times during the entire test using hygrometers. Measurements were taken before the start and after the end of a test, as well as during sampling. The handling of the powder always took place under nitrogen in a glovebox. An oxygen measuring device was used to check that a maximum of 5% oxygen was present in the atmosphere.

2.1. Materials

In order to investigate powder conditioning with small particle size with a high relevance to medical technology, a plasma-atomized spherical Ti-6Al-4V powder from

Tekna Advanced Materials, Inc., was selected, which is used industrially for the metal powder injection molding of medical components. The most important characteristic properties of the powder are shown in Table 1. Only powder from a single batch was used for the experiments.

Table 1. Properties of the investigated powder.

Alloy	Supplier	D_{10} (μm)	D_{50} (μm)	D_{90} (μm)	Apparent Density (g/cm^3)	Tap Density (g/cm^3)
Ti-6Al-4V	Tekna	9.43 [1]	15.6 [1]	21.3 [1]	≥2.1 [2]	≥2.7 [2]

[1] Measured using dynamic image analysis; [2] manufacturer information; apparent density according to ASTM B527 [33] and Tap density according to ASTM B417 [34].

2.2. Characterization

The greatest challenge when processing fine powders is the flowability and the associated negative influences on the quality of the powder bed. In addition, fine powders generally offer a larger surface area for passive oxidation. By investigating and optimizing the conditioning and drying strategy, the aim is to improve the flowability by reducing the water content of the powder under investigation. Therefore, a characterization of the water content and the flowability itself is carried out. The absorption of oxygen and nitrogen will also be analyzed, particularly due to the increased temperatures during drying.

2.2.1. Water Content

The powder conditioning discussed in this study focused on reducing the water content in order to minimize adsorption effects and moisture bridges, thereby improving the flowability and, ultimately, the processability of the powder. Hence, the gravimetric water content of the analyzed powder will be investigated. Karl Fischer titration (KFT) was used for this, which is one of the methods defined in DIN EN ISO 52928 [35] for determining the moisture content of metallic powders. Three powder samples of 2 ± 0.5 g each were taken. The weight was measured using a PRACTUM 124-1S precision balance. The powder was placed into jars (Figure 1), which were previously conditioned in an inert gas atmosphere. These were then sealed airtight. In addition, five samples were taken using only the ambient atmosphere in the glovebox. The ambient samples were used to calculate the water content in the environment, which was then subtracted from the determined water content of the samples. Five samples were measured, but the water content was only averaged from three; the first two were required for conditioning the titration cell.

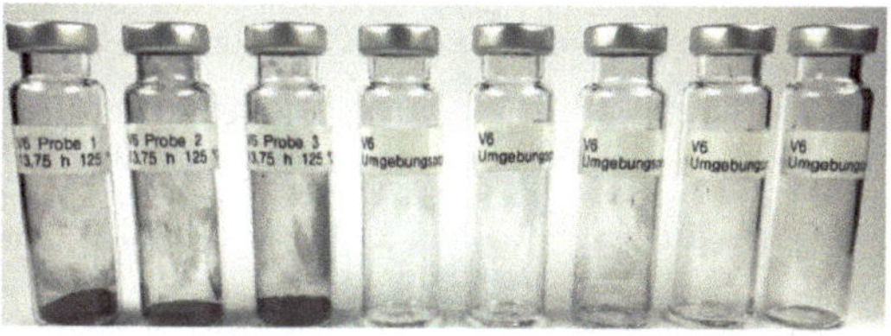

Figure 1. KFT samples with empty reference samples in crimped flasks.

The KFT was carried out using the Metrohm 899 Coulometer. The theoretical basis of the method is based on the chemical reaction of the titration solution containing iodine and methanol with sulfur dioxide. Water is consumed during this reaction. The coulometric KFT has the special feature that the iodine is not present in the solution but is generated from an iodine-containing electrolyte during the measurement. First, the sample was placed in a sample holder of the oven. The oven heated the sample to 150 °C to vaporize the water. The measurement started, the sample weight was entered, and the needle was inserted into the sample. The titration solution began to react with the released water. At the same time, iodine was produced, and the amount could be determined via the applied voltage. The measurement was considered complete when the voltage difference between the electrodes decreased, which is indicative of unreacted iodine in the solution, meaning there is no longer enough water for the reaction. The determined water contents can then be noted in gravimetric ppm. Finally, the water content of the three measured samples was averaged. Another value that was noted is the "drift". This indicates by how many ppm the result is corrected due to escaping gas flow. This must be similar for all measurements, but must always be less than 10 µg/min.

The water content of the undried powder was analyzed before the first and after the last test in order to rule out any possible influence on the results. As not all measurements could be carried out immediately after powder conditioning, but some must be taken on the following day, we checked whether the jars of the KFT measurement were actually airtight or whether the powder became moister again after a longer storage period. For this purpose, one exemplary experiment of the test plan was repeated and twice the number of samples were taken. One of these was measured directly, the other was sealed and stored for seven days under normal room air.

As only three measured values were collected, we decided to display the range instead of the standard deviation. The measurement accuracy of the method is difficult to determine as it depends on many factors. The condition of the titration solution, the accuracy with which the sample weight is determined, and the conditioning times between the individual measurements and the operator are decisive factors. The former cannot be estimated without further actions. The weight was determined with a measurement accuracy of 0.1 mg. Conditioning times of 5 min were observed between each measurement. The measurements were all carried out by one person. According to the instrument manufacturer, a measurement accuracy of ±1.5 ppm can be expected if the aforementioned aspects are observed.

The test plan was carried out over a period of two weeks. Room humidity levels between 52 and 66% and temperatures between 19 and 24 °C were measured. The room humidity of the glovebox was between 12 and 22% and the oxygen content was between 1.5 and 4%. In addition, further test runs were carried out to investigate various aspects in more detail. These aspects are presented as follows:

1. The first test run was carried out to check the necessity of the protective gas atmosphere in relation to the efficiency of the drying process. For this purpose, one exemplary test run was repeated in an ambient atmosphere. The shortest test was selected, as this is probably where the difference, if any, can best be seen.
2. The second run also took place in an ambient atmosphere. This aimed to investigate whether there is increased oxygen uptake when there is more oxygen in the atmosphere. For this purpose, an experiment was carried out with extreme values in order to recognize any increase in oxygen as accurately as possible.
3. As one aim of the work was to formulate guidelines for powder conditioning, a test was also carried out on powder storage itself. For this purpose, the dried powder from the exemplary test was divided into two different powder bottles, one made of metal and one made of plastic, and stored for a week. This allowed for the influence of storage on the water content of the powder to be categorized.

2.2.2. Flowability

One primary focus of the investigation was to improve the flowability of the analyzed fine metal powder. A suitable criterion must therefore be defined. Flowability is not a direct measurement, but rather an indication of how easily a powder can flow freely. Typically, the flow rate through a Hall flow meter according to DIN EN ISO 4490 [36] is used for this purpose. However, this method is unsuitable due to the small particle size distribution and the correspondingly poor flow properties. Therefore, a GranuTools Granudrum using the rotating drum method was used [37], which is better-suited to the MBJ process. The principle of this method is illustrated in Figure 2. A transparent drum (1) was filled halfway with powder (2) and rotated along its axis. This creates an angle of repose for the powder. The drum was backlit to enhance contrast for the camera (3), which captured individual images of the powder during the measurement process (see Figure 2).

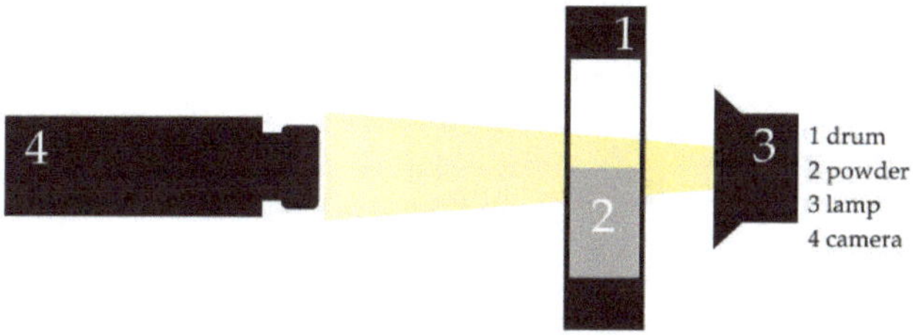

Figure 2. Principle of rotating drum analysis.

One drawback of the method is the challenge of comparability due to the multitude of different measurable parameters [37]. The dynamic angle of repose α_f and cohesion index (CI) values were selected for this study (see Figure 3). The dynamic angle of repose describes the flow angle, as depicted in the left-hand side of the illustration at certain rotating speeds.

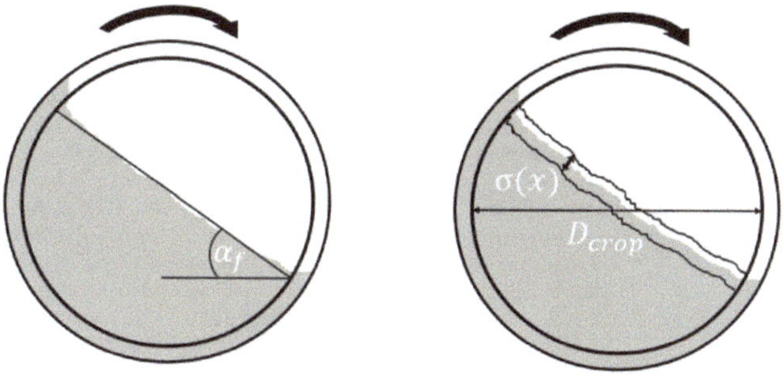

Figure 3. Determination of the dynamic angle of repose and the cohesion index.

The cohesion index was determined from the drum diameter used D_{crop} and the fluctuations in the powder surface $\sigma(x)$ were determined using Formula (1) [37]:

$$CI = \frac{1}{D_{crop}} \int \sigma(x)dx \tag{1}$$

Both values are strongly dependent on the rotational speed of the drum, which is why they are often specified as a function over a certain range [37]. However, only one sensible speed was selected for the evaluation in the experiments to compare the values more easily. In this case, 6 rpm was selected and converted into a translational speed of 30 mm/s, which corresponds to the coating speed of the MBJ printer used for this work (see Section 2.5).

Eighty images were taken for each measurement. The direction of rotation of the drum was changed after 40 images. A total of three powder samples were also measured here, meaning that a total of 240 measured values can be averaged for the dynamic angle of repose α_f. For the cohesion index CI, only two measured values were collected per measurement, one for each direction of rotation. The result was therefore averaged from six measured values. According to the manufacturer's experience, the measurement accuracy of the method is 1.67%, which in this case corresponds to a range of 0.52–0.58°. The many measured values for the dynamic angle of repose are necessary here, as the angle was determined using an idealized straight line on the powder surface. This adjustment is difficult with a powder that generally has poor flowability (see Figure 4), as the powder surface has a curved shape.

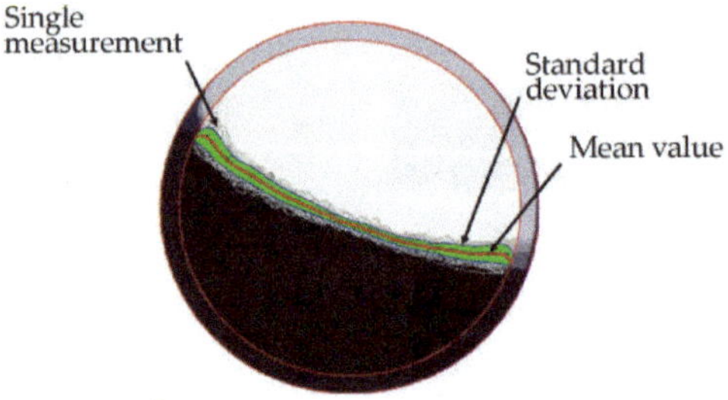

Figure 4. Example of granudrum measurement.

2.2.3. Impurity Levels

Due to the titanium alloys' tendency to absorb oxygen and nitrogen and the increased temperatures (up to 200 °C) to which the powder is exposed during conditioning, these two elements were measured using infrared absorption (oxygen) and thermal conductivity cells (nitrogen). Nevertheless, no active oxidation is to be expected at temperatures below 200–300 °C [38].

As with the KFT, the measurement accuracy depends on a number of factors. The main factors are the state of the contactor reagent and the catalysts, the measurement accuracy of the sample weight, the pause times and cleaning between the individual measurements, and the calibration of the measuring device. The elemental measurements were carried out collectively on one day. All reagents were checked optically beforehand. The sample weight was determined with a measurement accuracy of 0.1 mg. The pause times between measurements, which are problematic due to the cooling of the oven, were kept below 10 s. The machine was cleaned after every three samples. Calibration was carried out on the day of measurement using calibration standards. The manufacturer does not specify an exact measurement accuracy, but states that the range of the calibration samples should be taken as a reference value. According to this, the measurement accuracy is 0.006%.

2.3. *Powder Conditioning*

A vacuum-drying oven from Memmert VO49 was used for powder conditioning. For this, a fixed vacuum cycle was defined before the experiment was carried out, which was used for all experiments. As illustrated in Figure 5, the maximum vacuum is 20 mb, which can be drawn within 16 min. The pressure was released to ambient pressure after a further three minutes, so that the entire cycle took 19 min. This process was then repeated according to the drying time of the test.

The powder for all experiments came from one container. Before each test, the powder was mixed with a shovel to ensure the same conditions were maintained. Then, 400 $\pm$ 3 g of the powder was weighed using a KERN PCB 1000-1 precision balance and placed into a stainless-steel container. This was placed in the drying oven and the program corresponding to the test was started. After the cycle, the oven was first allowed to cool down to room temperature while a vacuum was maintained. The powder container was then returned to the glovebox and mixed again. The sampling using a spoon was carried out according to ISO 8213 [39]. The initial powder moisture content was kept constant by using mixed powder from the same container for all tests. In addition, powder was used that was already stored under normal room air for a longer period of time, which was therefore expected to have reached the maximum moisture content for this powder. The room or powder temperature and room humidity also had an effect. These cannot be changed, but are documented for each test, in accordance with DIN 52928, using a hygrometer. Other disturbance variables, such as measurement errors, were minimized by ensuring that each measurement was carried out at least three times, always by the same person. As factor levels were defined for the statistical test plan, preliminary tests on powder-drying were carried out. Firstly, the powder moisture content of the undried and powder-dried samples, according to a reference at Fraunhofer IAPT (80 °C for 48 h under ambient air), were analyzed using KFT. The values are shown in Table 2. It should be mentioned that the water contents were already comparatively low. When processing coarser powders, this would hardly result in any difference in processing. Due to the comparatively poor flowability of the fine powder fractions, drying is relevant here.

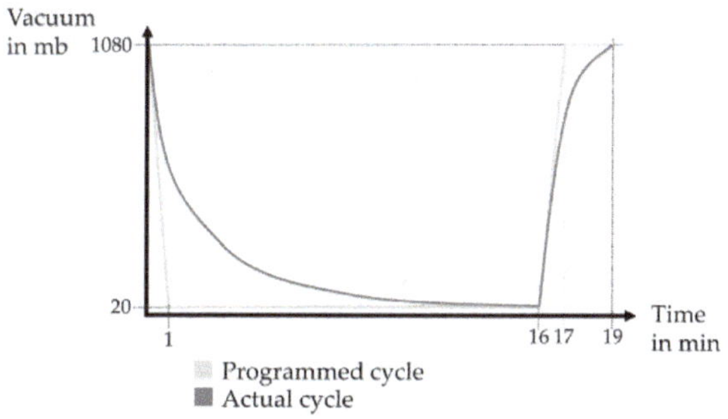

Figure 5. Diagram of the vacuum cycle over time.

Table 2. Water content of undried and powder-dried samples at 80 °C for 24 h under ambient air.

	Undried Powder	Powder Dried at 80 °C for 48 h
Water content (ppm)	51.4	46.2
Range (ppm)	7.0	0.2

This measurement therefore shows no significant change in the water content under this drying method. Next, preliminary tests were used to narrow down the range for the factor levels. It is assumed that drying in a vacuum oven is significantly more efficient. For this reason, five freely selected preliminary tests were carried out, in which the temperature was varied between 0 and 200 °C and the time between 2 and 15 h. An exemplary result is shown in Table 3. In this case, a more significant difference can be recognized, despite the much shorter time and lower temperature.

Table 3. Water content of powder dried at 80 °C for 24 h under ambient air and at 60 °C for 3 h under vacuum and nitrogen purging.

	Powder Dried at 80 °C for 48 h (No Vacuum, Ambient Air)	Powder Dried at 60 °C for 3 h (Vacuum, Nitrogen Purging)
Water content (ppm)	46.2	39.0
Range (ppm)	0.2	2.1

With these reference values, the range of the factor time was set to 2.25–13.75 h and the factor temperature to 50–200 °C. Furthermore, it is assumed that the drying relationship is not linear, which is why at least three factor levels were analyzed.

2.4. Statistical Design of Experiments (DoE)

The influencing, setting, and disturbance variables for the test plan are shown in Table 4.

Table 4. Influencing, setting, and disturbance variables for the test plan.

Influencing	Setting	Disturbance
Atmosphere	Time	Ambient humidity
Vacuum cycle	Temperature	Ambient temperature
		Powder moisture content
		Powder temperature
		Errors in measurement

Temperature and time were used as setting variables for the test plan. The atmosphere in which drying takes place was kept constant in order to reduce the scope of the test plan. Only an inert gas atmosphere was used due to the safety aspect of handling titanium powder. Nevertheless, a comparison test was carried out with a normal ambient air atmosphere in order to compare the drying quality.

A full-factorial, partial-factorial, or central-composite design (CCD) test plan would be suitable to characterize the given system. The former was not feasible due to the number of experiments. CCD designs always consist of a (partial) factorial, a center point (CP) and star points. With CCD plans, a distinction is usually made between central-composite-face-centered (CCF) and central-composite-circumscribed (CCC) plans [40].

By using the CCC plan, the influencing variables of an original 2^2 test plan could be analyzed at 5 factor levels, for example. As the type of correlation between the variables is not yet known, any quadratic correlations can be easily mapped. If the star points are in the center, between the respective factor levels, this is also referred to as an orthogonal plan, as the regression coefficients are calculated independently of each other. This means that there is no mixing of the interactions [40]. Figure 6 shows the experimental design. A total of eleven experiments were carried out, three of which reflect the CP.

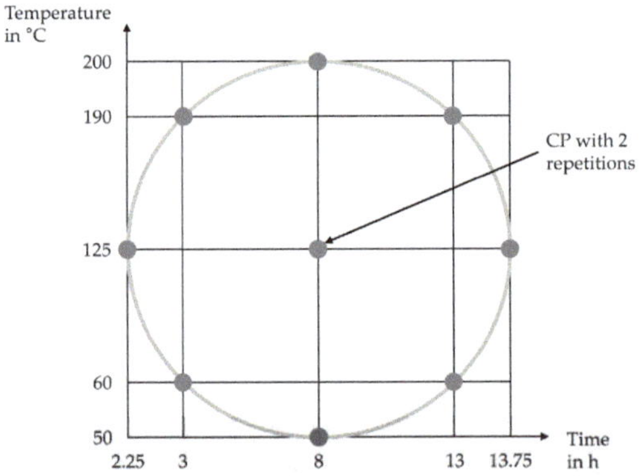

Figure 6. Graphical representation of the experimental design.

In order to minimize systematic errors, for example due to trends, the tests are randomized, i.e., carried out in a random order. The corresponding test plan is shown in Table 5 and used to examine the following hypotheses:

1. Based on the literature and underlying physical effects (e.g., moisture bridges), it is assumed that the longer and warmer the drying process, the better the flowability and, correspondingly, the lower the cohesion index and water content.
2. The water content and the drying time show an exponential relationship.
3. According to the literature, the oxygen and nitrogen content in the powder does not significantly increase at temperatures under 200 °C.

Table 5. Test plan.

No.	Order	Time (h)	Temperature (°C)
1	1	3	60
2	8	13	60
3	2	3	190
4	7	13	190
5	6	2.25	125
6	5	13.75	125
7	11	8	50
8	10	8	200
9 (CP)	3	8	125
10 (CP)	4	8	125
11 (CP)	9	8	125

The Modde® software from Sartorius AG (v13.0.0.24874) was used to analyze the test plan. In the first step, all measurement results were imported. The model, in this case, multiple linear regression, was then selected. The summary of fit (SoF) plot, the analysis of variance (ANOVA), and the lack of fit (LoF) plot were analyzed and evaluated for all target variables.

2.5. *Binder Jetting System*

In order to validate the optimized powder conditioning in practice, test components were produced with unconditioned powder and powder that was dried using the method with the lowest water content. MBJ was carried out on a Digital Metal (now Markforged, Inc., Watertown, NY, USA) DM P2500 system using the C20 binder. The coating was applied via a blade system under vibration. The printing parameters are listed in Table 6:

Table 6. Printing parameters.

Parameter	Value
Binder	Digital Metal C20 Ink
Layer thickness	42 µm
Print box temperature	80 °C
Powder magazine temperature	70 °C
Print speed	200 mm/s
Powder application speed	30 mm/s

3. Results and Discussion

This section describes the procedure for analyzing the test plan. The optimization of the model is also discussed in more detail. The measured values are rounded to two significant figures in accordance with DIN 1333. The aim of the study is to quantify the water content and associated variables in the powder-drying process, as well as to find an optimized conditioning strategy based on vacuum-drying. In addition, an MBJ print job with undried powder and one with optimized dried powder were compared to validate the conditioning strategy.

3.1. *Statistical Evaluation*

Firstly, all measured values were checked for significance in order to subsequently develop models where possible. The initial observation of the SoF plot, ANOVA and the

LoF plot showed that an initially significant model could be created (see Appendix C). However, both the SoF and the LoF need to be optimized. This can mainly be achieved by removing outliers, transforming the values and sorting out irrelevant model terms. Firstly, the recorded measurement data were analyzed in the replicate plot, and the range of the CP, which should be as small as possible, was compared with the range of the remaining measured values. This was the case for the water content and the dynamic angle of repose, but the scatter of the measured values of the other variables was significantly higher. The range must therefore be included in the evaluation of the effects. Outliers were checked using the different residual plots. Here one or two experiments per variable were removed. In addition, the observed vs. predicted plot was used to determine the deviation of individual trials from the created model. In order to assess whether a transformation of the measured values is necessary, the histograms were analyzed and a skewness test was performed. The measured values are all normally distributed, so they were not transformed. The next step involves removing non-significant influencing variables or interactions, and therefore also the corresponding model terms. The effect diagrams and coefficient plots were analyzed for this purpose. The optimized SoF is shown in Figure 7.

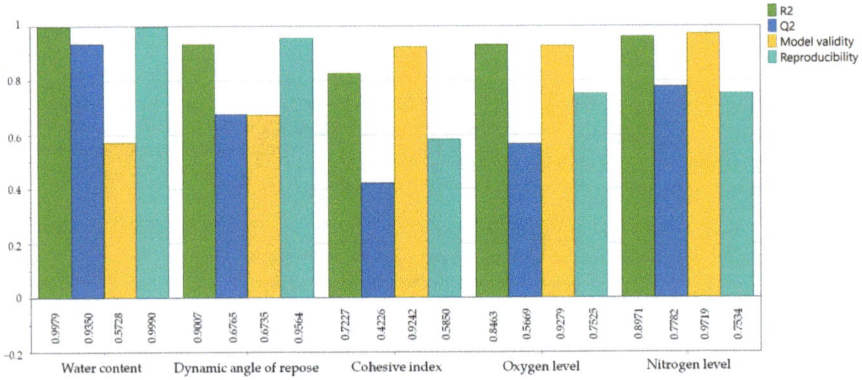

Figure 7. Optimized SoF for all target variables.

In order to include the range, the same experimental design was edited again, but this time the measurement repetitions were entered as experimental repetitions (see Figure A8. This shifts the degrees of freedom, but the significance of the measured values can be better assessed. A re-analysis of the LoF shows a significantly higher pure error, i.e., the error in the repetitions, for the target variables' cohesion index, oxygen content, and nitrogen content. After the optimization, it can be stated that no significant model can be generated for these measured values in the sense of the SoF, as neither influencing variable appears to have a significant effect on the target factors. However, significant models could be created for the water content and the dynamic angle of repose. These are explained in more detail in the following subsections.

3.2. Water Content

Table 7 shows the values determined for the gravimetric water content (w), as well as the range and the relative range. At first glance, the relative range of the measurement results appears to be comparatively high and is considered when analyzing the effects. The repeatability of the CP, on the other hand, is significantly smaller than the range.

Table 7. Measured water contents.

No.	w (ppm)	Range of w (ppm)	Relative Range of w (%)
1	31.4	3.2	10.2
2	39.0	2.1	5.4
3	13.9	3.2	23.0
4	19.1	2.6	13.6
5	25.7	2.8	10.9
6	14.5	2.3	15.9
7	29.6	2.5	8.4
8	12.3	3.8	30.8
9 (CP)	22.1	4.5	20.4
10 (CP)	22.0	5.6	25.4
11 (CP)	21.6	1.7	7.9

The water content of the undried powder that was also measured at the beginning of the test series, and was 51.4 ppm. At the end of the test series, its water content was 51.1 ppm, showing no significant difference. The water content of test 6 was 14.5 ppm. After one week of storage in the glass sample bottles, the water content was 15.8 ppm. This change is significantly smaller than the range of the individual measured values. Nevertheless, we noted if a sample was not measured until the following day.

A significant model could be created for the water content with the help of the analysis in Modde®. By including the range in the model, it was also possible to create a model that is significant as defined by the SoF. The equation of the multiple linear regression for the water content is shown below (Formula (2)). This consists of the determined coefficient and the factors and interactions labelled as significant.

$$Y = 61.1427 - 0.11267 \cdot Temp - 5.6265 \cdot t - 0.000006 \cdot Temp^2 + 0.1491 \cdot t^2 + 0.0098 \cdot t \cdot Temp \quad (2)$$

This equation was used to create a contour plot (Figure 8) based on the model prediction. This shows the water content as a function of both factors. This can be used to estimate the effect or the effect size of the two factors. Only the area covered by the tests is shown and the intermediate values are interpolated. An extrapolation of the values is associated with uncertainties due to the physical conditions [41]. At first glance, the result of the prediction looks plausible. The higher the temperature and the longer the time, the lower the water content of the powder. It can also be seen that time has a greater influence than temperature, which can also be recognized by the size of the coefficients. The non-linear relationship between the variables, which can be seen from the curved contour lines, is also clearly recognizable.

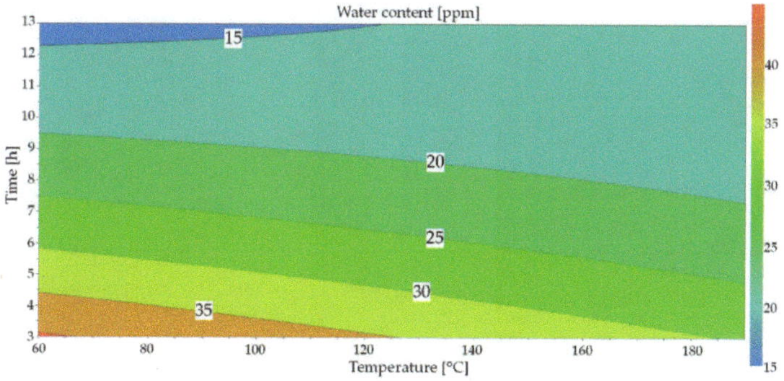

Figure 8. Response contour plot for water content.

A significant model for the prediction of the water content of Ti-6Al-4V powder could be created for powder-drying. An additional plot in Appendix A show the general correlation between drying time and water content.

3.3. Flowability

When observing the measurement, it is noticeable that the range is so high, because powder clogs on the glass of the camera system as the powder surface or a powder agglomeration piles up, which then breaks out into pieces.

For this reason, histograms of the dynamic angle of repose over the absolute frequency (H) were created, which were used to remove isolated outliers (see Figure 9).

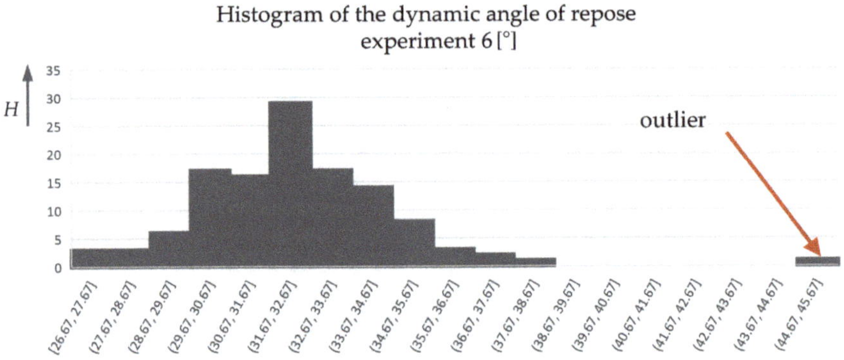

Figure 9. Histogram of the dynamic angle of repose of experiment no. 6.

The measurement data are shown in Table 8. A first look at the measured values reveals that the differences between the individual measured values appear to be smaller than the average range. The range must therefore also be included in the evaluation of the test plan at this point.

Table 8. Measured angle of repose and cohesion indices from the experimental design.

No.	αf (°)	Range of αf (°)	Relative Range of αf (%)	CI	Range of CI	Relative Range of CI (%)
1	33.0	2.4	7.3	13.2	0.9	6.8
2	33.1	2.6	7.7	13.5	1.0	7.7
3	31.8	2.3	7.3	12.4	0.3	2.6
4	31.8	2.5	7.7	12.6	0.7	5.9
5	33.2	2.4	7.4	13.2	0.7	5.6
6	32.4	2.1	6.5	12.0	0.9	7.8
7	34.6	2.7	7.7	14.7	1.8	12.0
8	31.1	2.5	8.1	12.3	0.8	6.7
9 (CP)	32.6	2.5	7.7	13.0	0.9	6.6
10 (CP)	32.4	2.2	6.9	12.7	0.7	5.8
11 (CP)	32.8	1.9	5.9	11.9	0.9	7.9

An initially significant model could be generated for the dynamic angle of rest by considering the span. The model equation is shown in Formula (3):

$$Y = 37.0691 - 0.0178 \cdot Temp - 0.43337 \cdot t + 0.0014 \cdot t \cdot Temp \tag{3}$$

The response surface plot shows that the dynamic angle of repose is almost linearly dependent on time and temperature (see Figure 10). Similar to the water content, time has a stronger influence.

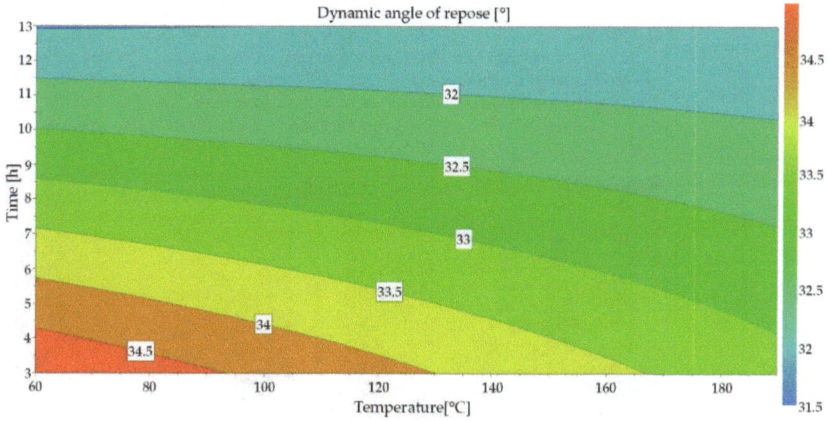

Figure 10. Response surface plot for dynamic angle of repose.

No significant model could be created for the cohesion index (CI). However, as this is directly correlated with the water content and the resulting moisture bridges, as shown in Section 1, it can be assumed that the reproducibility of the results is not sufficient to map the difference. An additional plot in Appendix A show the general correlation between flowability and water content.

3.4. Impurity Levels

The measured oxygen (O) and nitrogen (N) content is shown in Table 9.

Table 9. Measured oxygen and nitrogen contents.

No.	O (wt.%)	Range of O (wt.%)	Relative Range of O (%)	N (wt.%)	Range of N (wt.%)	Relative Range of N (%)
1	0.233	0.007	2.969	0.035	0.001	3.124
2	0.246	0.020	8.251	0.037	0.002	6.605
3	0.231	0.032	13.998	0.035	0.006	16.009
4	0.230	0.019	8.045	0.036	0.003	8.974
5	0.241	0.005	2.188	0.037	0.001	2.804
6	0.243	0.024	10.066	0.037	0.004	9.875
7	0.238	0.031	12.963	0.036	0.005	13.312
8	0.222	0.020	9.060	0.033	0.003	9.144
9 (CP)	0.229	0.029	12.850	0.034	0.005	14.148
10 (CP)	0.238	0.021	8.705	0.036	0.003	9.628
11 (CP)	0.233	0.043	18.336	0.035	0.005	15.475

With the methods used, no temperature- or time-dependent influence on the chemical components can be determined. This is consistent with the findings from Section 2.2.3. showing that titanium shows no active oxidation below 300 °C. Since old powder was used, it can be assumed that the passive oxidation layer had already fully formed in this powder.

3.5. Validation

Based on the models that were created, an optimized drying cycle was selected, which was then validated against unconditioned powder. According to the results, drying at 200 °C for 13 h would be the best way to generate the lowest possible water content and high flowability. As the powder is present as bound capital during drying, especially in an industrial process chain, the throughput of the oven must also be considered. For this reason, the course of the water content at 200 °C is considered (Figure A1). After a 6 h drying time, a value of 21.8 ppm was predicted. After 13 h, the value dropped further, to 16 ppm. As the difference in water content decreases sharply after 6 h, this time period was selected. Firstly, the powder beds were visually compared (see Figure 11).

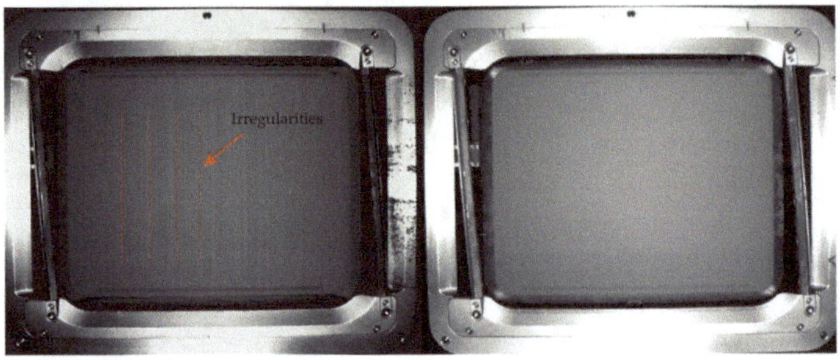

Figure 11. Comparison of the undried (**left**) and conditioned (**right**) powder beds.

It is noticeable that the powder bed with the new conditioning already appears much more even and uniform, while the reference powder bed looks very streaky.

Demonstrator components were also produced to provide a visual impression of the green part's quality (see Figure 12). Here, too, the components look more uniform with the new powder conditioning. Especially on the edges and underside of the rod end, the green part with undried powder has a rough structure. This can also be observed at the edges of the structure. In some cases, small pieces of the structure are missing. The green part made from optimized conditioned powder, on the other hand, is of significantly better quality and the complex structure could be reproduced much more accurately.

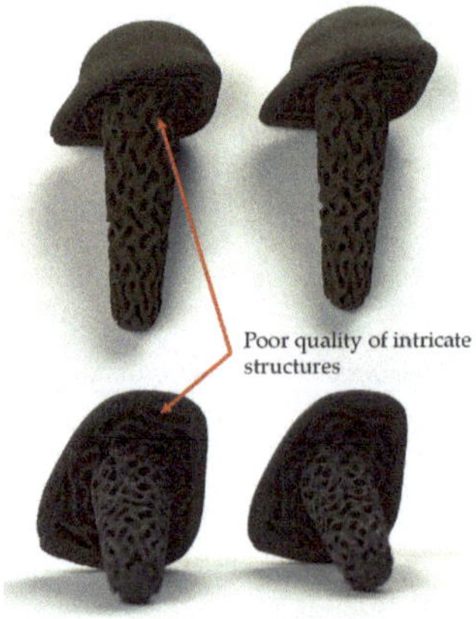

Figure 12. Comparison of demonstrator parts with undried (**left**) and optimized (**right**) powder conditioning.

Furthermore, 10 mm test cubes were produced and analyzed to study their dimensional accuracy (see Figure 13). It can be seen that the components produced with the conditioned powder have a significantly smaller range (±1.5 vs. 0.3%). Similar differences can also be observed in the x and y directions of the test cubes (see Appendix B). In addition, a 3D profilometer (Keyence VR-6000) was used to determine the surface roughness S_a in accordance with ISO 25178 [42] (see Figure 14). Here, too, the conditioned powder shows a lower average height (from 12.4 to 53 μm) and a lower relative range of values (from 2.8 to 6.6%).

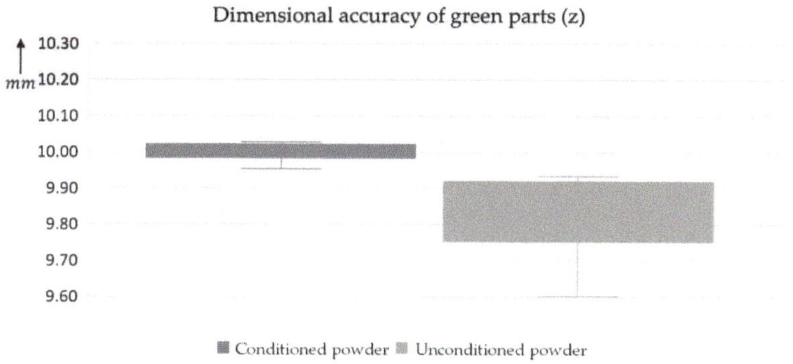

Figure 13. Dimensional accuracy of the test cubes with undried powder and optimized conditioning.

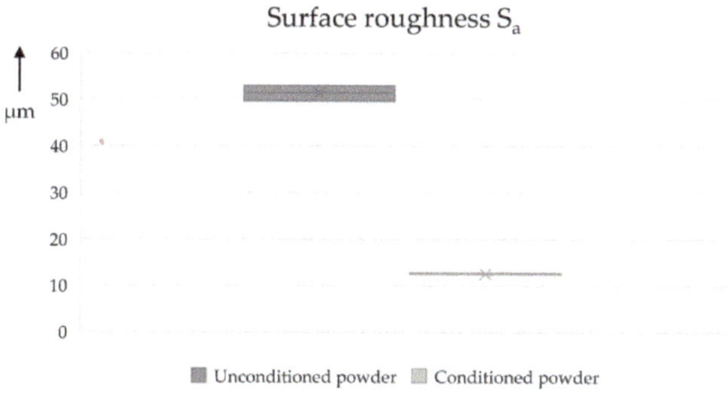

Figure 14. Surface roughness Sa for samples fabricated from unconditioned and conditioned powder.

4. Conclusions

The aim of the present work was to compare different drying strategies, to investigate correlations, particularly those regarding the flowability of the investigated powder, and to find an optimized conditioning strategy. The following conclusions can be drawn from the analyses of the hypotheses from Section 2.4:

1. The hypothesis that a longer and warmer drying period leads to an improvement in flowability and a reduction in water content can be accepted. An improvement in the cohesion index cannot be proven with the present method. After analyzing the drying model, an optimized drying cycle of 6 h at 200 °C and a defined vacuum cycle was determined.

2. As assumed, the water content and the drying time show an exponential relationship, as is usual for equalization processes.
3. The oxygen and nitrogen content have not changed significantly.

It can be stated that the process of conditioning Ti-6Al-4V powder notably improves its flowability. Before initial use, it is advisable to dry new powder. Given the uncertain delivery and storage times, the moisture levels in new powder can vary significantly. Significant enhancements in the quality of the green parts, particularly in terms of surface texture and dimensional precision, result from drying the powder. The conditioning also aids in reducing printing errors. It is worth noting that the conditioning duration has a more pronounced effect than the temperature. The authors assume that with each repetition of the cycle, as shown in Figure 5, a "portion" of water is removed from the powder. More time therefore means more "portions" are removed, while higher temperatures lead to larger quantities of vaporized water per cycle. Based on the measured results, it can be assumed that the number of cycles (ergo the number of "portions" removed) has a greater influence than the temperature amplitude (quantity of the "portions"). Drying under a nitrogen environment does not prove to be more efficient than drying in ambient atmosphere within the investigated range of moisture content. However, considering safety aspects is still paramount. During the storage of conditioned powder, a notable increase in water content occurs.

As part of the evaluation, a model for the water content of powder, measured with KFT, was created as a function of time and temperature, which showed an expected exponential dependence. It was also possible to demonstrate a significant improvement in the dynamic angle of repose by means of a dynamic drum measurement. Due to the oxygen affinity of titanium, a chemical analysis of the elements nitrogen and oxygen was also carried out using non-dispersive infrared dispersion and thermal conductivity cell measurement. There was no increase in the oxygen or nitrogen concentration. The green part quality of undried and dried powder was also compared. The drying cycle developed here significantly improved the dimensional accuracy of the green parts. A validation of the principle through the production of demonstrator parts shows promising initial results.

Subjects of future work will include investigating how the developed conditioning strategies affect the reuse of the material. It could be shown that, for individual drying cycles, there is no increase in oxygen or nitrogen. Nevertheless, this cannot be ruled out for multiple repetitions. In general, there is a lack of in-depth studies on the recycling of titanium and its alloys for MBJ. With specific guidelines for powder conditioning and the reuse of titanium powders, MBJ can become more material-efficient without having to take risks with regard to the reliability of the components, especially in the case of medical components.

Author Contributions: Conceptualization, K.J.; methodology, K.J. and K.J.K.; validation, K.J. and K.J.K.; investigation, K.J. and K.J.K.; writing—original draft preparation, K.J.; writing—review and editing, K.J.K., L.W., P.I. and C.E.; visualization, K.J. and K.J.K.; supervision, C.E.; project administration, K.J.; funding acquisition, L.W. All authors have read and agreed to the published version of the manuscript.

Funding: This research was funded by Bundesministerium für Wirtschaft und Klimaschutz (BMWK), grant number KK5298101AJ1. This work was supported by the Fraunhofer Internal Programs under Grant No. PREPARE 840226.

Institutional Review Board Statement: Not applicable.

Informed Consent Statement: Not applicable.

Data Availability Statement: Data are contained within the article.

Conflicts of Interest: The authors declare no conflicts of interest.

Appendix A

These additional plots show the general correlation between drying time and water content, as well as flowability and water content.

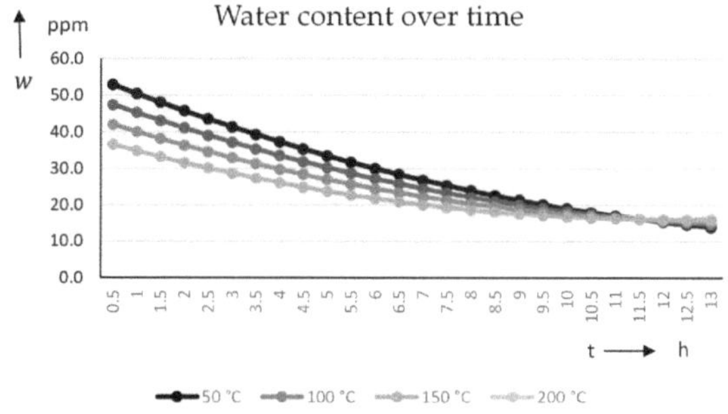

Figure A1. Water content over time.

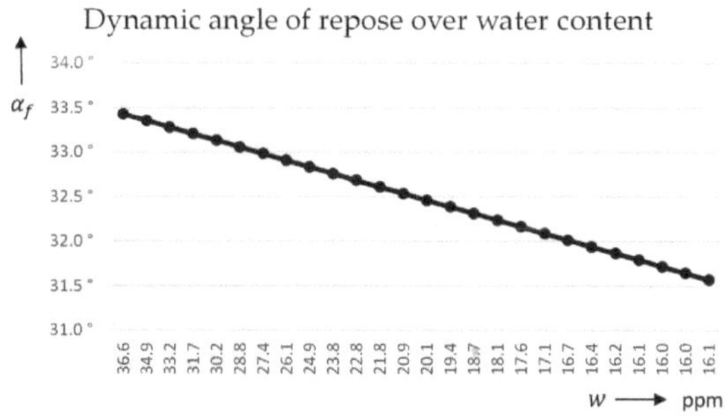

Figure A2. Dynamic angle of repose over water content.

Appendix B

These additional plots show the dimensional accuracy of green parts printed with conditioned and unconditioned powder for the x- and y-direction.

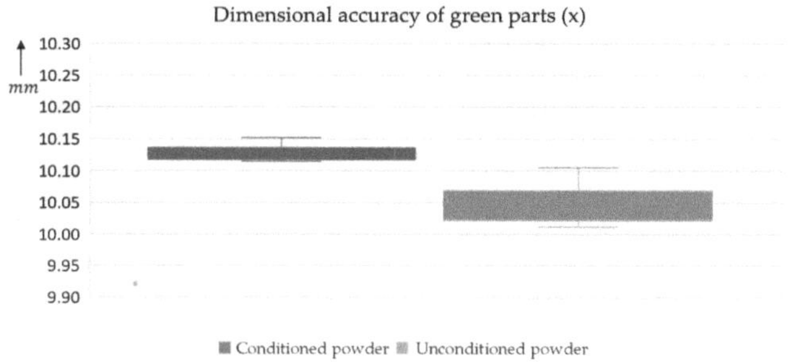

Figure A3. Dimensional accuracy of the test cubes with undried powder and optimized conditioning in the x-direction.

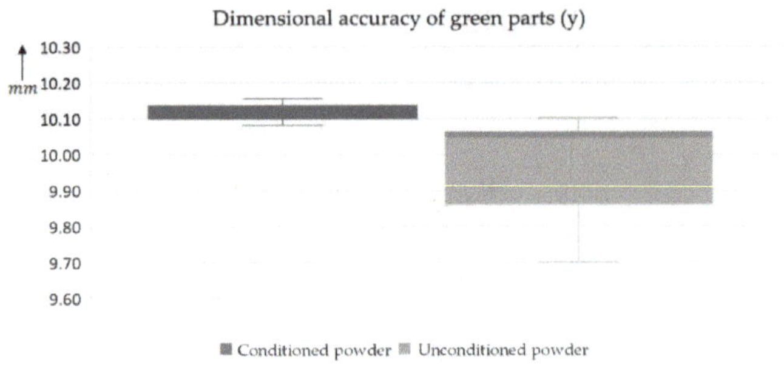

Figure A4. Dimensional accuracy of the test cubes with undried powder and optimized conditioning in the y-direction.

Appendix C

These additional plots show the SoF before optimization, as well as the ANOVA and LoF for the water content. In addition, the SoF plot of all target values is shown, with the range included.

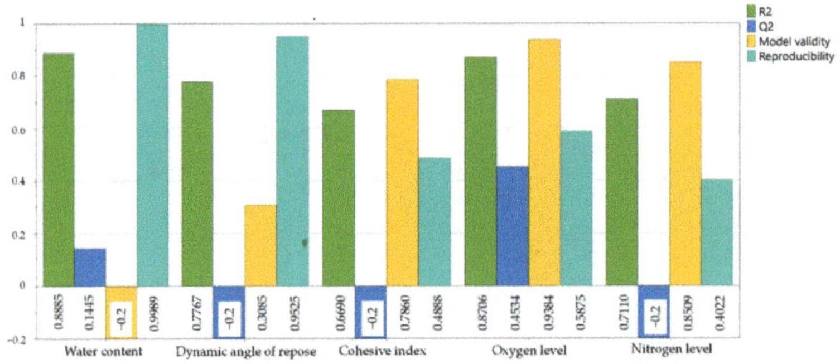

Figure A5. SoF plot for all target values before optimization.

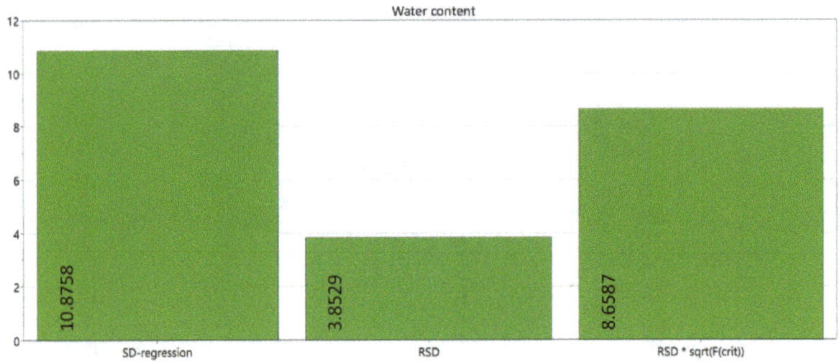

Figure A6. ANOVA plot for water content.

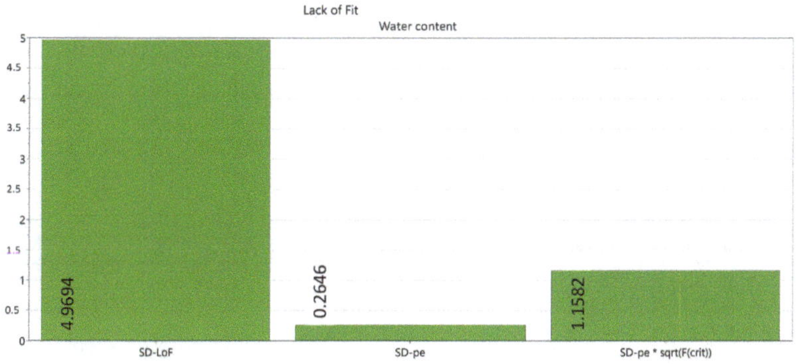

Figure A7. LoF plot for water content.

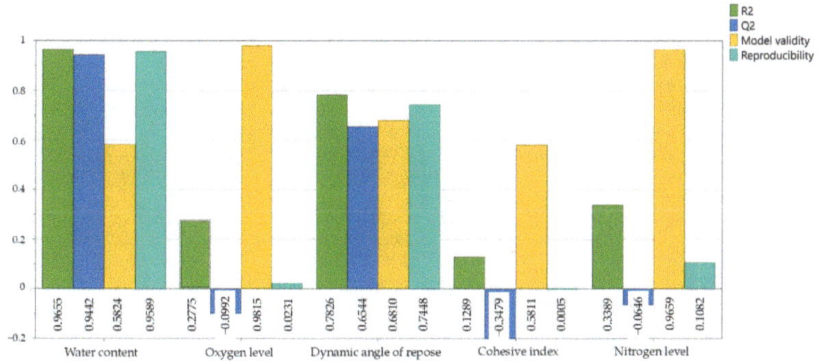

Figure A8. SoF plot of all target values with the included range.

References

1. Emmelmann, C.; Scheinemann, P.; Munsch, M.; Seyda, V. Laser Additive Manufacturing of Modified Implant Surfaces with Osseointegrative Characteristics. *Phys. Procedia* **2011**, *12*, 375–384. [CrossRef]
2. Dall'ava, L.; Hothi, H.; Di Laura, A.; Henckel, J.; Hart, A. 3D Printed Acetabular Cups for Total Hip Arthroplasty: A Review Article. *Metals* **2019**, *9*, 729. [CrossRef]
3. Haglin, J.M.; Eltorai, A.E.M.; Gil, J.A.; Marcaccio, S.E.; Botero-Hincapie, J.; Daniels, A.H. Patient-Specific Orthopaedic Implants. *Orthop. Surg.* **2016**, *8*, 417–424. [CrossRef] [PubMed]
4. Munsch, M.; Schmidt-Lehr, M.; Wycisk, E.; Führer, T. *Additive Manufacturing Market Report*; AMPOWER: Hamburg, Germany, 2023.
5. Munsch, M.; Schmidt-Lehr, M.; Wycisk, E.; Führer, T. *Metal Additive Manufacturing with Sinter-Based Technologies*; AMPOWER: Hamburg, Germany, 2018.
6. Mirzababaei, S.; Pasebani, S. A Review on Binder Jet Additive Manufacturing of 316L Stainless Steel. *J. Manuf. Mater. Process.* **2019**, *3*, 82. [CrossRef]
7. Ziaee, M.; Crane, N.B. Binder jetting: A review of process, materials, and methods. *Addit. Manuf.* **2019**, *28*, 781–801. [CrossRef]
8. Gibson, I.; Rosen, D.; Stucker, B.; Khorasani, M. *Additive Manufacturing Technologies*; Springer International Publishing: Cham, Switzerland, 2021.
9. Janzen, K.; Groß, P.; Imgrund, P.; Emmelmann, C. *Potentials of Metal Binder Jetting Process Chains for Medical Parts*; World PM2022 Proceedings; TUHH: Hamburg, Germany, 2022.
10. Janzen, K.; Kallies, K.J. Fabrication of patient-specific finger joint implants from Ti-6Al-4V using metal binder jetting. *Trans. Addit. Manuf. Meets Med.* **2023**, *5*, 830. [CrossRef]
11. Wohlers, T.; Campbell, I.; Diegel, O.; Huff, R. *Wohlers Report 2020: 3D Printing and Additive Manufacturing Global State of the Industry*; Wohlers Associates: Fort Collins, CO, USA, 2020.

12. Niinomi, M. Recent metallic materials for biomedical applications. *Metall. Mater. Trans. A* **2002**, *33*, 477–486. [CrossRef]
13. Rack, H.J.; Qazi, J.I. Titanium alloys for biomedical applications. *Mater. Sci. Eng. C* **2006**, *26*, 1269–1277. [CrossRef]
14. Mirzababaei, S.; Paul, B.K.; Pasebani, S. Metal Powder Recyclability in Binder Jet Additive Manufacturing. *JOM* **2020**, *72*, 3070–3079. [CrossRef]
15. İyibilgin, O.; Gepek, E. Characterization of CP-Titanium produced via binder jetting and conventional powder metallurgy. *Rev. Metal.* **2021**, *57*, e205. [CrossRef]
16. Basalah, A.; Esmaeili, S.; Toyserkani, E. On the influence of sintering protocols and layer thickness on the physical and mechanical properties of additive manufactured titanium porous bio-structures. *J. Mater. Process. Technol.* **2016**, *238*, 341–351. [CrossRef]
17. Basalah, A.; Shanjani, Y.; Esmaeili, S.; Toyserkani, E. Characterizations of additive manufactured porous titanium implants. *J. Biomed. Mater. Res. B Appl. Biomater.* **2012**, *100*, 1970–1979. [CrossRef] [PubMed]
18. Sheydaeian, E.; Fishman, Z.; Vlasea, M.; Toyserkani, E. On the effect of throughout layer thickness variation on properties of additively manufactured cellular titanium structures. *Addit. Manuf.* **2017**, *18*, 40–47. [CrossRef]
19. Wheat, E.; Vlasea, M.; Hinebaugh, J.; Metcalfe, C. Data related to the sinter structure analysis of titanium structures fabricated via binder jetting additive manufacturing. *Data Brief* **2018**, *20*, 1029–1038. [CrossRef] [PubMed]
20. Polozov, I.; Sufiiarov, V.; Shamshurin, A. Synthesis of titanium orthorhombic alloy using binder jetting additive manufacturing. *Mater. Lett.* **2019**, *243*, 88–91. [CrossRef]
21. Miyanaji, H.; Zhang, S.; Yang, L. A new physics-based model for equilibrium saturation determination in binder jetting additive manufacturing process. *Int. J. Mach. Tools Manuf.* **2018**, *124*, 1–11. [CrossRef]
22. Stevens, E.; Schloder, S.; Bono, E.; Schmidt, D.; Chmielus, M. Density variation in binder jetting 3D-printed and sintered Ti-6Al-4V. *Addit. Manuf.* **2018**, *22*, 746–752. [CrossRef]
23. Simchi, A.; Petzoldt, F.; Hartwig, T.; Hein, S.B.; Barthel, B.; Reineke, L. Microstructural development during additive manufacturing of biomedical grade Ti-6Al-4V alloy by three-dimensional binder jetting: Material aspects and mechanical properties. *Int. J. Adv. Manuf. Technol.* **2023**, *127*, 1541–1558. [CrossRef]
24. Barthel, B.; Janas, F.; Wieland, S. Powder condition and spreading parameter impact on green and sintered density in metal binder jetting. *Powder Metall.* **2021**, *64*, 378–386. [CrossRef]
25. Zissel, K.; Quejido, E.B.; Deckers, T.; Forêt, P.; Hryha, E. Binder Jetting—Reusability of 17-4 PH Stainless Steel Powder. In Proceedings of the World PM 2022 Congress and Exhibition, Lyon, France, 9–13 October 2022.
26. Li, M.; Du, W.; Elwany, A.; Pei, Z.; Ma, C. Metal Binder Jetting Additive Manufacturing: A Literature Review. *J. Manuf. Sci. Eng.* **2020**, *142*, 090801. [CrossRef]
27. German, R.M.; Bose, A. *Injection Molding of Metals and Ceramics*; Metal Powder Industries Federation: Princeton, NJ, USA, 1997.
28. Miyanaji, H.; Rahman, K.M.; Da, M.; Williams, C.B. Effect of fine powder particles on quality of binder jetting parts. *Addit. Manuf.* **2020**, *36*, 101587. [CrossRef]
29. Bai, Y.; Wagner, G.; Williams, C.B. Effect of Particle Size Distribution on Powder Packing and Sintering in Binder Jetting Additive Manufacturing of Metals. *J. Manuf. Sci. Eng.* **2017**, *139*, 254. [CrossRef]
30. Ziaee, M.; Tridas, E.M.; Crane, N.B. Binder-Jet Printing of Fine Stainless Steel Powder with Varied Final Density. *JOM* **2017**, *69*, 592–596. [CrossRef]
31. Du, W.; Roa, J.; Hong, J.; Liu, Y.; Pei, Z.; Ma, C. Binder Jetting Additive Manufacturing: Effect of Particle Size Distribution on Density. *J. Manuf. Sci. Eng.* **2021**, *143*, 781. [CrossRef]
32. Viehöfer, U.; Winkelmüller, W.; Lang, M.; Scharvogel, M. Verfahren zur Pulvermetallurgischen Herstellung von Bauteilen aus Titan Oder Titanlegierungen—European Patent Office. EP 3231536 A1, 19 October 2017.
33. *ASTM B527-22*; Standard Test Method for Tap Density of Metal Powders and Compounds. ASTM: West Conshohocken, PA, USA, 2022.
34. *ASTM B417-22*; Standard Test Method for Apparent Density of Non-Free-Flowing Metal Powders Using the Carney Funnel. ASTM: West Conshohocken, PA, USA, 2022.
35. *DIN EN ISO/ASTM 52928:2022-12*; Additive Manufacturing of Metal—Feedstock Materials—Powder Life Cycle Management. German Institute for Standardization: Berlin, Germany, 2012.
36. *ISO 4490:2018*; Metallic Powders: Determination of Flow Rate by Means of a Calibrated Funnel (Hall Flowmeter). ISO: Geneva, Switzerland, 2018.
37. Lumay, G.; Neveu, A.; Francqui, F. Measuring Powder Flow Properties in a Rotating Drum. *SSRN J.* **2022**, *200*, 111548. [CrossRef]
38. Lütjering, G.; Williams, J.C. *Titanium*, 2nd ed.; Springer: Berlin/Heidelberg, Germany, 2007.
39. *ISO 8213:1986*; Chemical Products for Industrial Use: Sampling Techniques—Solid Chemical Products in the Form of Particles Varying from Powders to Coarse Lumps. ISO: Geneva, Switzerland, 1986.
40. Ranade, S.S.; Thiagarajan, P. Selection of a design for response surface. *IOP Conf. Ser. Mater. Sci. Eng.* **2017**, *263*, 22043. [CrossRef]
41. Siebertz, K.; van Bebber, D.; Hochkirchen, T. *Statistische Versuchsplanung*; Springer: Berlin/Heidelberg, Germany, 2010.
42. *ISO 25178-2:2021*; Geometrical Product Specifications (GPS)—Surface Texture: Areal—Part 2: Terms, Definitions and Surface Texture Parameters. ISO: Geneva, Switzerland, 2021.

A.4 Investigation on curing strategies for metal binder jetting with Ti-6Al-4V

Metal Binder Jetting (MBJ) ist eine vielversprechende Fertigungstechnologie, die das Potenzial hat, eine zukünftige Konkurrenz zu den klassischen laserbasierten additiven Fertigungsverfahren zu sein. Im Gegensatz zu diesen Technologien ist MBJ jedoch weit weniger ausgereift. Während das Sintern und Entbindern durch die Verbreitung des Metallpulver-Spritzguss (MIM) und des Pulverauftrags mittels Laser-Pulverbettschmelzen und verwandter Verfahren bereits gut bekannt sind, stellt der oft vernachlässigte Aushärtungsschritt eine große Herausforderung für die Prozesssteuerung dar. Diese Studie war daher die erste umfassende Untersuchung der Aushärtung von MBJ-Grünteilen aus Ti-6Al-4V-Pulver mit einer Pulvergrößenverteilung unter 25 µm. Es konnte gezeigt werden, dass der Aushärtungsschritt nur einen geringen Einfluss auf die Grünteilqualität (Oberflächenrauhigkeit und Dichte) hat, gleichzeitig aber die Grünteilfestigkeit entscheidend beeinflusst. Darüber hinaus wurden positionsabhängige Effekte für die Grünteildichte festgestellt, die auf eine unzureichende Aushärtung in den äußeren Bereichen der Druckbox hinweisen.

Additive Manufacturing Letters 13 (2025) 100272

Contents lists available at ScienceDirect

Additive Manufacturing Letters

journal homepage: www.elsevier.com/locate/addlet

Short Communication

Investigation on curing strategies for metal binder jetting with Ti-6Al-4V

Kevin Janzen [a,*], Timo Rieß [a], Claus Emmelmann [b]

[a] Fraunhofer Research Institution for Additive Manufacturing Technologies IAPT, Am Schleusengraben 14, 21029 Hamburg, Germany
[b] Institute of Laser and System Technologies (ILAS), Hamburg University of Technology TUHH, Harburger Schloßstr. 28, 21079 Hamburg, Germany

ARTICLE INFO

Keywords:
Metal binder jetting
Curing
Titanium alloys, medical technology, process qualification

ABSTRACT

Metal binder jetting is a promising manufacturing technology that holds the potential to be a future competition technology to classic laser based additive manufacturing processes. In contrast to these technologies, however, metal binder jetting is much less mature. While sintering and debinding are already well known due to the spread of metal injection molding and powder deposition by laser powder bed fusion and its related processes, the often-neglected curing step represents a major challenge in process control. This study was therefore the first comprehensive investigation into the curing of metal binder jetting green parts from Ti-6Al-4 V powder with a powder size distribution below 25 μm. It was shown that the curing step has only a minor effect on the green part quality (surface roughness and density), but at the same time has a decisive influence on the green strength. In addition, position-dependent effects for the green density were detected, which indicate insufficient curing in the outer areas of the print box.

1. Introduction

Metal binder jetting is an additive manufacturing (AM) technique that builds complex parts layer-by-layer by selectively depositing a liquid binder onto a bed of metal powder [1,2]. Unlike fusion-based methods such as selective laser powder bed fusion (L-PBF) or electron powder bed fusion (E-PBF), binder jetting does not require high temperatures to melt the metal, allowing parts to be manufactured without the thermal stresses typically associated with these high-energy processes. This makes binder jetting particularly well-suited for materials that are sensitive to high temperatures such as titanium alloys like Ti-6Al-4 V, which are widely used in aerospace, medical, and industrial applications for their high strength-to-weight ratio and corrosion resistance [3].

The process of metal binder jetting begins with spreading a thin layer of powder across the build platform, after which a printhead selectively deposits droplets of binder according to a 3D model. This binder temporarily holds the powder particles together, forming a "green part" [1,2]. However, the green part at this stage is fragile and requires stabilization before undergoing the high-temperature sintering process that densifies the material. Curing, the process of heating the green part at low temperatures, plays a crucial role in binder jetting. During curing, the binder hardens, providing structural integrity to the green part so it can withstand handling and subsequent post-processing [1]. Curing parameters such as temperature, time, and atmosphere affect the binder's polymerization, the dimensional stability of the part, and ultimately the quality of the final sintered component. Effective binder migration through controlled heating ensures that the binder's volume and composition are managed, reducing the risk of distortion, swelling, or porosity in the final sintered part. It also has a major influence on the subsequent de-powdering of the green parts, as incomplete migration can lead to powder sticking or clumping.

The curing process must carefully control thermal transitions to avoid damaging the green part or causing premature degradation of the binder. Commonly, curing temperatures range between 150 °C and 250 °C, well below the melting points of most metal powders, to minimize any risk of sintering or (especially in the case of titanium alloys) pick up of oxygen or other impurities [4]. Within this temperature range, binders typically undergo different transformations. Many binders used in MBJ rely on polymerizable compounds that form stable networks through cross-linking reactions when exposed to heat [5]. Polymerization strengthens the binder, enhancing the green part's stability and resistance to mechanical stresses [2,6–8]. Some binders experience a glass transition temperature (T_g), where the material softens without fully melting. At T_g, the binder transitions from a brittle, glassy state to a softer, more ductile state, allowing the binder to conform to the particle surfaces and improve contact among metal particles [9]. As the binder is cooled below T_g or partially cross-linked, it solidifies, forming a rigid

* Corresponding author.
E-mail address: kevin.janzen@iapt.fraunhofer.de (K. Janzen).

https://doi.org/10.1016/j.addlet.2025.100272
Received 26 November 2024; Received in revised form 30 December 2024; Accepted 23 January 2025
Available online 25 January 2025

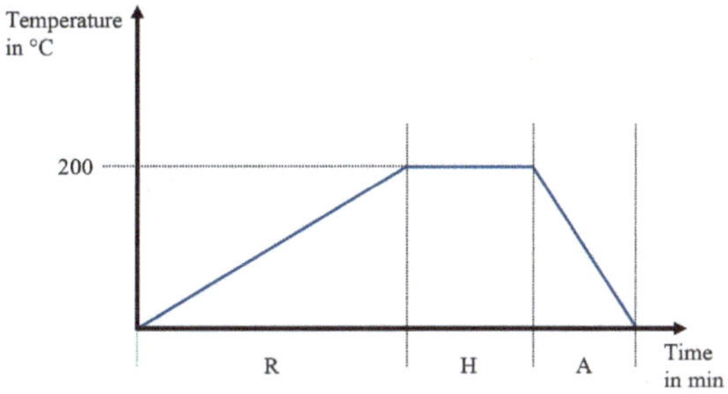

Fig. 1. Exemplary curing cycle [4].

structure that holds the green part's shape [6,7,10]. The binder's solidified state is crucial to withstand subsequent handling, transport, and sintering. During curing, binders containing water or solvent molecules may also experience dehydration, releasing any residual moisture from the green part. Dehydration and solvent removal ensure that the green part maintains dimensional accuracy, minimizing risks of shrinkage or cracking during sintering [8,11,12]. Thermal transitions must be carefully managed to retain the green part's integrity and minimize stress [13]. Rapid heating can cause binder cracking or delamination, while overly prolonged curing times may reduce dimensional precision due to binder softening.

The curing atmosphere – whether air, inert gas, or vacuum – plays an important role in the stability and quality of the green part during curing. So far, this influence has been little researched and curing usually takes place under air [8,11,14,15]. Different atmospheres influence the binder's behavior, the rate of oxidation, and potential reactions with other environmental components [11]:

Ambient atmosphere: Curing in air allows for some level of oxidation, which may stabilize the green part but can also introduce surface oxidation on some metal powders. This can be beneficial to degrade the binder more efficiently, though it can also introduce contaminants that might impact final mechanical properties [16].

Inert gas atmosphere: Curing in an inert gas environment, such as nitrogen or argon, reduces the risk of oxidation, preserving the purity of the metal particles and binder composition. This is often preferred for reactive metals like titanium alloys (e.g., Ti-6Al-4 V) where oxidation could compromise part performance.

Vacuum curing: Vacuum environments offer effective solvent removal and binder stabilization without atmospheric interference, making them suitable for sensitive materials. Vacuum curing can also reduce residual stresses by enabling uniform binder hardening throughout the green part.

Selecting an appropriate atmosphere depends on the binder type and the specific alloy being printed. Curing parameters such as temperature, duration, and heating rate are central to achieving optimal binder migration and green part stabilization. The temperature and time are interdependent; higher curing temperatures can reduce the required curing time but may increase the risk of binder degradation or dimensional warping [10]. Conversely, lower temperatures require extended curing durations but often yield more stable green parts. The curing temperature is generally set just above the binder's glass transition temperature to ensure solidification without excessive decomposition [17]. For Ti-6Al-4 V, typical curing temperatures are chosen to optimize the green part's structural stability, balancing binder hardening against the risk of oxidation [4].

Optimized curing prevents binder migration and cracking, leading to smoother surfaces in the green part. A high-quality surface finish in the green state can reduce the need for extensive post-processing, improving production efficiency [18,19]. Determining a suitable temperature profile for curing is also often a trade-off between higher green part strength and better powder removal. A single temperature profile can produce a high green part strength but at the same time lead to an excessive amount of adhering powder due to unfavourable binder mitigation, which makes subsequent depowdering more difficult [20].

Table 1
Properties of the investigated powder.

Alloy	Supplier	D_{10} (μm)	D_{50} (μm)	D_{90} (μm)	Apparent Density (g/cm³)	Tap Density (g/cm³)
Ti-6Al-4V	Tekna	9.43 [1]	15.6 [1]	21.3 [1]	≥2.1 [2]	≥2.7 [2]

[1] Measured using dynamic image analysis;.
[2] Manufacturer information; apparent density according to ASTM B527 and Tap density according to ASTM B417.

In summary, the principles behind curing in metal binder jetting involve balancing binder transformation, thermal transitions, and environmental control to stabilize the green part before sintering. The optimization of curing parameters directly impacts final part properties, making curing a critical focus area for advancing metal binder jetting applications, particularly for sensitive materials like Ti-6Al-4 V. By understanding and controlling these principles, binder jetting can achieve consistent, high-quality parts suitable for industrial and medical applications.

A typical curing cycle is shown in Fig. 1. It is divided into a ramp time (R), a holding time (H) and the cooling time (A).

In this study, we explore different curing strategies specifically for Ti-6Al-4 V, assessing how variations in curing parameters influence the mechanical properties and dimensional accuracy of binder-jetted parts. The results are intended to optimize curing protocols, ensuring that parts retain dimensional stability and meet industrial performance standards after sintering. The present work is part of a series of studies that serve to provide a holistic view of the MBJ process with Ti-6Al-4 V and are intended to advance the industrial maturity of the process for use in medical technology [4,21–23].

2. Materials & methods

In this chapter the realization of the experiments is described. In addition to the experiments themselves, measurement methods and test specimens are also explained.

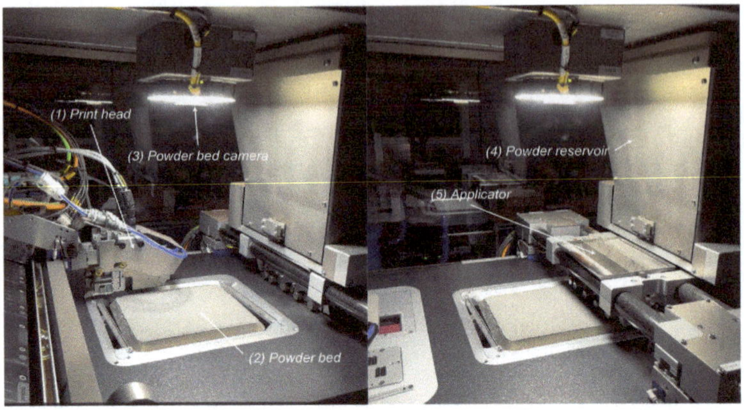

Fig. 2. Configuration of MBJ system Markforged DMP2500.

Table 2
Process parameters for MBJ.

Parameter	Value
Layer thickness	42 μm
Print box temperature	80 °C
Powder magazine temperature	70 °C
Print speed	200 mm/s
Powder application speed	30 mm/s

2.1. Materials

In order to investigate the curing with a high relevance to medical technology, a plasma-atomized spherical Ti-6Al-4 V powder from Tekna Advanced Materials, Inc., was selected, which is used industrially for metal powder injection molding of medical components. The most important characteristic properties of the powder are shown in Table 1.

The analyzed binder is C20 from Markforged. The exact composition of the binder is confidential, but according to the safety data sheet it is a water-based system with triethylene glycol as the main component in addition to alcohol and an unknown surfactant.

2.2. Binder jetting

To produce specimen for the latter investigations on curing a MBJ system (DMP2500) from Markforged was used. The system is shown in Fig. 2. Here, the binder is applied to the powder bed (2) using a thermal 2-head print head system (1). The process is monitored with the help of a permanently installed camera system (3). Once the binder has been applied, the powder bed is lowered and a vibration-controlled applicator applies the next layer of powder by using a blade recoater. The applicator (5) is filled via a top feeder reservoir (4). These steps are repeated for every layer to subsequently build up the desired part geometry.

As the investigation was to focus solely on the curing step, the printing parameters for the MBJ process were left unchanged for all experiments. The process parameters used are summarized in Table 2:

Powder conditioning before printing was done as described in our previous work [23].

2.3. Test specimen and measuring methods

In order to derive suitable test specimens, the to-be-measured variables must first be defined. As already described in the introduction, the process development for curing strategies often involves a trade-off between green part strength and depowdering properties. Therefore, these two factors should be at the centre of the investigation. In addition, the density of green parts and the surface roughness were analysed as central elements for assessing the general quality of green parts.

Green part density was measured geometrically using fringe projection, a triangulation-based optical method. In this technique, structured light in the form of fringes illuminates the part, and a camera captures the diffraction pattern. The known positions of the camera and the projector enable the precise triangulation of the component's surface, allowing the volume to be calculated accurately. The fringe projection system used (VR-6200 by Keyence Corporation) achieves a measurement accuracy of 4 μm at twenty-fold magnification using a macro camera. Factors affecting the accuracy include room lighting and the reference surface used for measurement. To ensure consistency, the lighting was kept constant, and the object table served as the reference surface. The sample's weight was determined using a precision balance

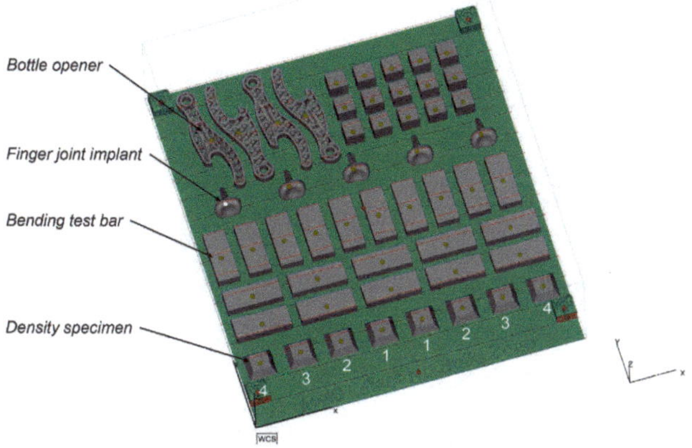

Fig. 3. Print job setup including test specimen.

(PRACTUM 124–1S by Sartorius), enabling the calculation of the geometric green density. This approach provides a non-destructive and precise method for evaluating green part density [4]. Derived from the measurement method, a pyramid with a flat top is used as the test body. The base of the pyramid has an edge length of 14 mm.

Surface roughness was also assessed using the fringe projection system. The structured light technique allows detailed mapping of the component's geometry, ensuring that any deviations or irregularities in the green part's dimensions and surface quality can be quantified with high precision. The green part strength was evaluated through a bending test conducted in accordance with DIN EN ISO 3995. Although this standard is intended for metallic pressed parts, it is commonly adapted for green parts in the absence of specific standards. The test setup involved placing the green part on two support cylinders spaced 25 mm apart and applying a central load to induce bending. A tensile/compression testing machine (ZwickRoell 10 kN) was used, equipped with an appropriate bending test fixture. The sample geometry is a bar with the dimensions 30×12×9 mm. This method provides reliable insights into the mechanical properties of green parts, which are critical for assessing their handling and performance during post-processing.

As there is no specific measurement method for evaluating depowderability, two exemplary components with geometries typical of the MBJ process were included in the test series. The first component is a prototype of a finger joint implant with an osseointegrative TPMS structure and a smooth joint surface [22]. The second test component is a bottle opener with a bionic internal structure with many undercuts and thin crossbars. In order to analyse the curing process depending on the position, the test specimens for density determination are assigned numbers from 1 to 4, with 1 corresponding to a position on the very inside of the print bed and 4 on the very outside. All test specimen and the used print job setup are shown in Fig. 3. Bending and density samples are distributed along the X-axis in order to include positional influences during curing in the investigation. However, in order to keep the tests economical, the Y-axis is not included. In the corners of the print box, reserve specimens with a defined geometry are always printed. These samples are not part of the test.

2.4. Curing

The curing step, which is often the most neglected process step and has hardly been investigated to date, is usually based on the pragmatic recommendations of the binder manufacturer. In the case of the Markforged C20 binder used for this study, the following process is therefore considered standard procedure when using a convection furnace:

$$R(L) = I + L \cdot 0,3 \qquad (1)$$

$$H(L) = \begin{cases} 1h, & L < 300 \\ 2h, & 300 \leq L < 600 \\ 3h, & L \geq 600 \end{cases} \qquad (2)$$

The variable R here refers to the ramp of the temperature function in minutes and depends on the number of layers L and the total binder quantity in grams I. The holding time H is only estimated on the basis of the number of layers L. The parameters used and their units already show that the basis of the calculation is an empirical rule of thumb and does not reflect any physical relationships. For this study, a vacuum drying furnace (Memmert VO49) based on the heat conduction principle was used as an alternative to the standard convection furnace. This makes it possible to carry out curing tests not only under air but also under nitrogen or vacuum.

It is assumed that a beneficial relationship between layer thickness and holding time is approximately linear. Therefore, the specification of the holding time H is converted into linear equations for finer adjustment and observations during the experiments. Two linear functions can

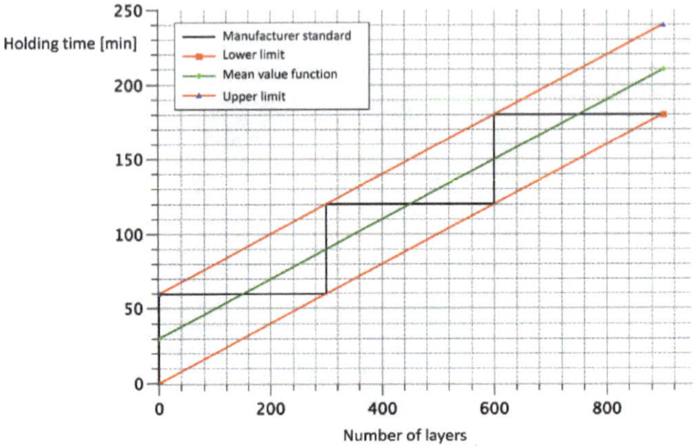

Fig. 4. Curing functions.

be formed from the specified holding times, which span the recommended time period with the upper limit function $O(L)$ and the lower limit function $U(L)$. In addition, a mean value function $M(L)$ is obtained (see Fig. 4):

This results in the following equations for determining the holding time H:

$$O(L) = 0,2L + 60 \tag{3}$$

$$U(L) = 0,2L \tag{4}$$

$$M(L) = 0,2L + 30 \tag{5}$$

For the experiments, 3 different holding times were tested with a constant layer thickness, using the upper limit range, the lower limit range and the mean value. In this way, the entire range of the recommended space is tested. In addition to the holding time H, the ramp R time is also adjusted. To do this, the last factor in the original formula is varied. The two stages look as follows:

$$R = I + L \cdot 0,2 \tag{6}$$

$$R = I + L \cdot 0,3 \tag{7}$$

The three-stage design allows non-linear trends to be recognised. This results in the following test plan (shown in Table 3), based on the Box Behnken design, in which extreme value combinations are omitted to avoid uncertainties [24,25]. The aim of the test plan is to map different ramps and holding times as a function of the binder quantity and the number of layers in order to ultimately develop a practical curing strategy for the investigated Ti-6Al-4 V powder. The test plan is also divided in experiments under air and under nitrogen atmosphere to investigate their influence as well.

Table 3
Test plan.

Test no.	Sequence	Ramp time R [min]	Holding time [min]	Atmosphere
A1	2	$R = I + L$ x 0,2	M(L) = 0,2 L + 30	Air
A2	7	$R = I + L$ x 0,3	U(L) = 0,2L	Air
A3	5	$R = I + L$ x 0,3	O(L) = 0,2 L + 60	Air
A4	1	$R = I + L$ x 0,3	M(L) = 0,2 L + 30	Air
N1	6	$R = I + L$ x 0,2	M(L) = 0,2 L + 30	Nitrogen
N2	3	$R = I + L$ x 0,3	U(L) = 0,2L	Nitrogen
N3	8	$R = I + L$ x 0,3	O(L) = 0,2 L + 60	Nitrogen
N4	4	$R = I + L$ x 0,3	M(L) = 0,2 L + 30	Nitrogen

Table 4
Test plan including calculated ramp and holding times.

Test no.	Sequence	Ramp time R [min]	Holding time [min]	Atmosphere
A1	2	114	88	Air
A2	7	143	58	Air
A3	5	143	118	Air
A4	1	143	88	Air
N1	6	114	88	Nitrogen
N2	3	143	58	Nitrogen
N3	8	143	118	Nitrogen
N4	4	143	88	Nitrogen

The number of layers for the respective test print job (see Fig. 3) is $L = 289$ and the quantity of binder is $I = 56$ g. Both values stay the same for every run because test print setup and print parameters (see 2.2) were kept constant. This results in the final test conditions, which are summarised in Table 4:

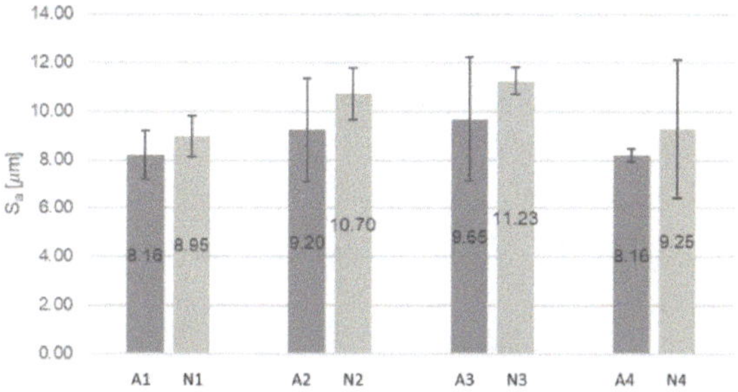

Fig. 5. Surface roughness S_a with standard deviations.

3. Results & discussion

In this section, the results of every experiment are summarized and discussed.

3.1. Green part quality

The surface roughness S_a and the green density ρ_G are used to compare the green part quality for the different curing cycles. Initially, there is no significant difference between the experiments for surface roughness (see Fig. 5).

The same applies to the green density (see Fig. 6).

More interesting, however, is a look at the positional influence of the samples (shown in the figure). Here it is clear that the outermost samples in particular have a significantly higher density of green parts. Although an increase in the green part density is usually desirable, in this case it is more an indication of inefficient curing, as it can be assumed that the packing density of the powder is equally distributed throughout the powder bed. One possible explanation for this would be a restriction of binder evaporation through the side walls of the print box (see Fig. 7).

3.2. Green strength

Perhaps the most important evaluation factor for the success of a curing process is the green strength. A high green strength leads directly to fewer rejects because fewer green bodies are damaged during depowdering and there is a higher potential for automation for future industrial applications with larger quantities. Large differences between the individual curing strategies are recognisable for the green strength. Fig. 8 shows the results of the 3-point bending tests.

The measurement results show that both the atmosphere and in particular, the temperature curve have a major influence on the strength

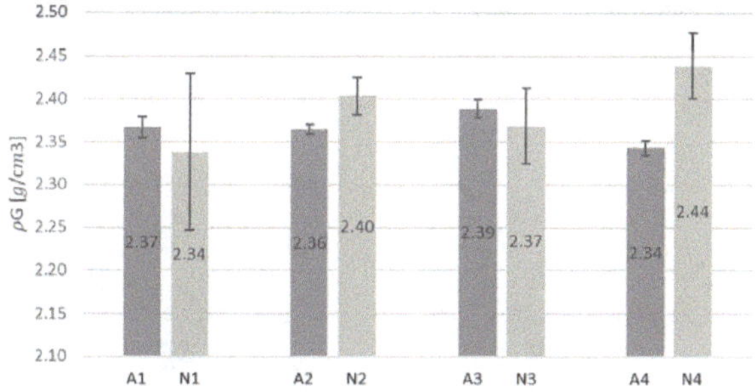

Fig. 6. Green density ρ_G with standard deviations.

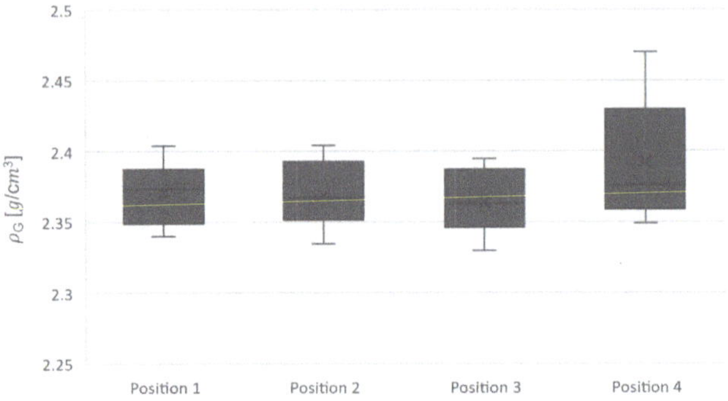

Fig. 7. Green density ρ_G for different positions.

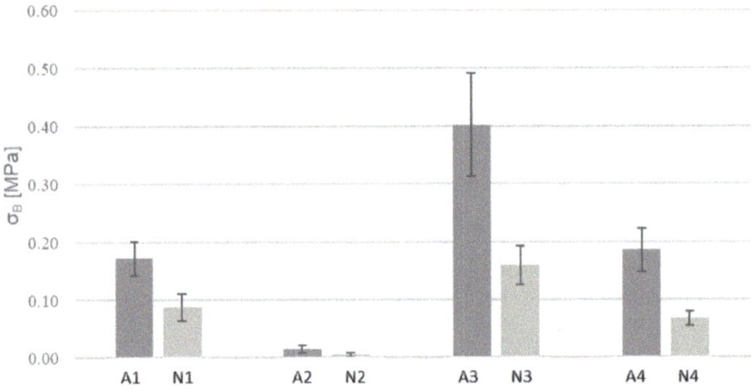

Fig. 8. Green strength σ_B for different curing strategies and atmospheres.

Table 5
Depowder rating for every experiment.

Test no.	A1	A2	A3	A4	N1	N2	N3	N4
Holding time [min]	88	58	118	88	88	58	118	88
Ramp time [min]	114	143	143	143	114	143	143	143
Rating	2	2	5	3	2	2	5	3

of the green parts. The transitions described under 1 are strongly influenced by temperature profiles. In addition, the general stabilisation under ambient atmosphere already described can be seen in the measurement results, as the samples that were cured under nitrogen generally have lower strength values. In contrast to oxygen, the inert nitrogen atmosphere inhibits reactions that can lead to the degradation of substances in the binder and solvent. This could slow down the hardening of the polymer.

3.3. Depowdering

The effects of the different process variants cannot only be assessed on the basis of measurable variables. The behaviour of the green parts and the surrounding powder during depowdering is of crucial importance for the future successful implementation. Each depowdering process was documented and any anomalies were noted. In each case, a rating of 1–5 was derived from this, whereby 1 corresponds to a particularly large amount of adhesive powder, while 5 corresponds to

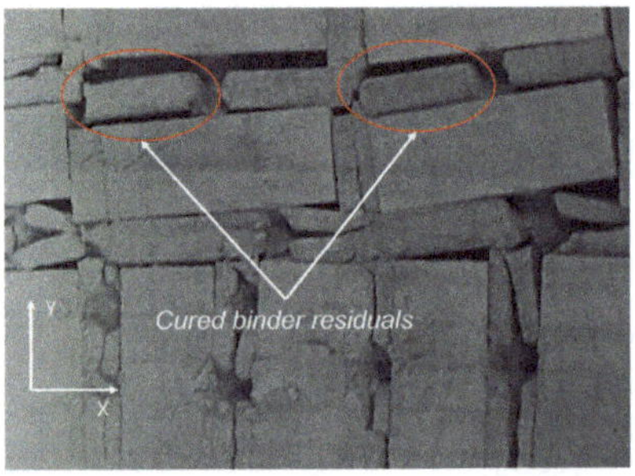

Fig. 9. Exemplary photo from the depowdering process showing cured residual binder.

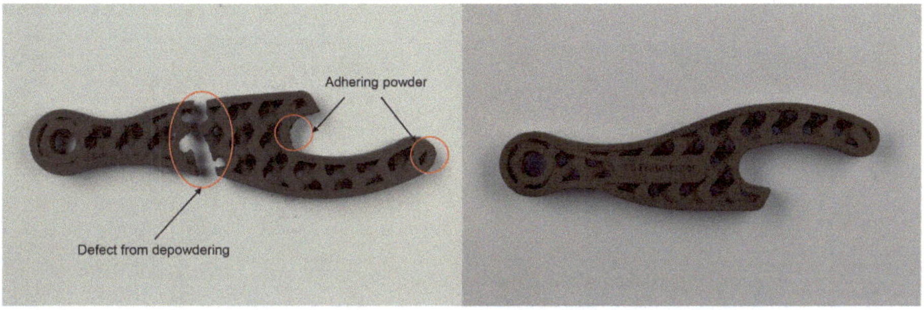

Fig. 10. Exemplary green samples from depowdering experiments A2 (left) and A3 (right).

subjective flow properties similar to new powder (see Table 5). The following findings are neither measurable nor fully verifiable; they are largely based solely on the authoress's perception. The evaluation shows that, in principle, longer holding times in particular lead to better depowdering. This is due on the one hand to the greater stability of the green parts (see also 3.2) and on the other hand to more effective evaporation of the binder, as a result of which the surrounding powder adheres less or clumps together.

Fig. 9 shows how lumps of powder form, particularly in narrow spaces between components, which indicate binder residues (combined with particle interlocking). These lumps can be explained by two effects: Firstly, depending on the curing temperature, the binder migration already described in the introduction occurs to a greater or lesser extent and leads to binder becoming trapped in the powder surrounding the components. On the other hand, a kind of smearing can occur during printing. This is caused by the particles floating when the binder is applied. If the recoater then applies the next layer of powder, some of the wetted powder smears and forms areas that later clump together during curing. Powder clumping of the magnitude shown cannot be explained purely by particle interlocking, because this only occurs in the vicinity of printed components and, due to the blade coater, no increased forces are exerted on the powder bed (in contrast to a roller recoater).

Fig. 10 shows on the left an exemplary bottle opener from test A2 with a particularly short holding time, clearly adhering powder and a defect caused by the low green strength during de-powdering. The same component from test A3 is shown on the right side for comparison. This illustrates typical damage that occurs during de-powdering as a result of insufficient green strength as shown in Fig. 8.

4. Conclusion

This study highlights the significant role that curing strategies play in enhancing the quality of green parts produced via MBJ using Ti-6Al-4 V. The results indicate that while curing parameters such as temperature profiles and atmosphere considerably influence green strength—critical for handling and further processing—their impact on surface roughness and green density is relatively minor. This suggests that the initial powder distribution and compaction are primary determinants of these properties.

Importantly, the research highlights position-dependent effects within the build area, where parts located at the edges exhibit higher green densities compared to those in central positions. This observation raises concerns about potential non-uniform curing conditions, likely caused by uneven heat distribution due to the print box walls, which may lead to inconsistent mechanical properties across the build.

To advance future studies, it is essential to conduct detailed comparisons among various curing strategies aimed at optimizing specific properties. Researchers should focus on identifying the optimal curing temperature, duration, and atmosphere that best enhance green strength specific to their used binder system and application while ensuring uniformity across different positions within the build area. The results of the study suggest that long holding times of more than 2 h make sense for MBJ components of typical size, while ramp times can be chosen short to create a more time-efficient process.

Future investigations should also consider a broader range of binder-material combinations to establish comprehensive guidelines for the industrialization of MBJ technology, particularly in the medical sector. The present results are based on the water-based binder C20 from Markforged. The results shown can therefore be transferred particularly well to other water-based binder systems. How the mechanisms discussed work for phenolic or solvent-based binders, for example, should be investigated in future studies. By refining curing chamber designs and process parameters, researchers can address positional inconsistencies and improve the reliability of MBJ for industrial applications. Ultimately, this study serves as a foundational step towards establishing a more mature and effective MBJ process for Ti-6Al-4 V, paving the way for enhanced applications in the medical technology field and beyond.

CRediT authorship contribution statement

Kevin Janzen: Writing – original draft, Visualization, Validation, Methodology, Investigation, Formal analysis, Data curation, Conceptualization. **Timo Rieß:** Visualization, Validation, Methodology, Investigation, Formal analysis, Data curation. **Claus Emmelmann:** Writing – review & editing, Supervision.

Declaration of competing interest

The authors declare that they have no known competing financial interests or personal relationships that could have appeared to influence the work reported in this paper.

Acknowledgements

This work was supported by the Fraunhofer Internal Programs under Grant No. PREPARE 840226.

Data availability

Data will be made available on request.

References

[1] I. Gibson, D. Rosen, B. Stucker, M. Khorasani, Additive Manufacturing Technologies, Springer International Publishing, Cham, 2021.

[2] E. Sachs, M. Cima, P. Williams, D. Brancazio, J. Cornie, Three dimensional printing: rrapid tooling and prototypes directly from a CAD model, Journal of Engineering for Industry 114 (1992) 481–488, https://doi.org/10.1115/1.2900701.

[3] A. Simchi, F. Petzoldt, T. Hartwig, S.B. Hein, B. Barthel, L. Reineke, Microstructural development during additive manufacturing of biomedical grade Ti-6Al-4V alloy by three-dimensional binder jetting: material aspects and mechanical properties, Int. J. Adv. Manuf. Technol. 127 (2023) 1541–1558, https://doi.org/10.1007/s00170-023-11661-1.

[4] K. Janzen, K.J. Kallies, L. Waalkes, P. Imgrund, C. Emmelmann, Recycling of Ti-6Al-4V powder in metal binder jetting, in: WorldPM2024 Yokohama Proceedings, 2024.

[5] T. Saito, A.M. Elliott, D.T. Brunermer, D.B. Gilmer, M. Lehmann, H. Yu US11254617B2, 2020.

[6] M. Ziaee, N.B. Crane, Binder jetting: a review of process, materials, and methods, Addit. Manuf. 28 (2019) 781–801, https://doi.org/10.1016/j.addma.2019.05.031.

[7] R. Patterson, D.H. Hollenberg, R.C. Desjarlais, G.E. Alderfer US4732786A, 1988.

[8] A. Mostafaei, A.M. Elliott, J.E. Barnes, F. Li, W. Tan, C.L. Cramer, P. Nandwana, M. Chmielus, Binder jet 3D printing—Process parameters, materials, properties, modeling, and challenges, Prog. Mater. Sci. 119 (2021) 100707, https://doi.org/10.1016/j.pmatsci.2020.100707.

[9] T.L. Yu, Glass transition temperature profile of the curing reaction, Polym. J. (1996) 965–969.

[10] M.P. Watters, M.L. Bernhardt, Modified curing protocol for improved strength of binder-jetted 3D parts, Rapid. Prototyp. J. 23 (2017) 1195–1201, https://doi.org/10.1108/RPJ-09-2016-0146.

[11] K. Zissel, Influence of the processing atmosphere on binder jetting of stainless steel: ffrom printing to sintering. THESIS FOR THE DEGREE OF LICENTIATE OF ENGINEERING, Gothenburg, Sweden, 2024.

[12] T.J. Ayres, S.R. Sama, S.B. Joshi, G.P. Manogharan, Influence of resin infiltrants on mechanical and thermal performance in plaster binder jetting additive manufacturing, Addit. Manuf. 30 (2019) 100885, https://doi.org/10.1016/j.addma.2019.100885.

[13] T. Do, P. Kwon, C.S. Shin, Process development toward full-density stainless steel parts with binder jetting printing, Int. J. Machine Tools. Manuf. 121 (2017) 50–60, https://doi.org/10.1016/j.ijmachtools.2017.04.006.

[14] H. Miyanaji, S. Zhang, A. Lassell, A. Zandinejad, L. Yang, Process development of porcelain ceramic material with binder jetting Process for dental applications, JOM 68 (2016) 831–841, https://doi.org/10.1007/s11837-015-1771-3.

[15] S. Mirzababaei, S. Pasebani, A review on binder jet additive manufacturing of 316L stainless steel, JMMP 3 (2019) 82, https://doi.org/10.3390/jmmp3030082.

[16] J. Izdebska, Aging and degradation of printed materials. Printing On Polymers, Elsevier, 2016, pp. 353–370.

[17] R. Carbas, L.Da Silva, E. Marques, A.M. Lopes, Effect of post-cure on the glass transition temperature and mechanical properties of epoxy adhesives, J. Adhes. Sci. Technol. 27 (2013) 2542–2557, https://doi.org/10.1080/01694243.2013.790294.

[18] A. Lores, N. Azurmendi, I. Agote, E. Espinosa, M.B. García-Blanco, A study of parameter and post-processing effects on surface quality improvement of Binder Jet 3D-printed Invar36 alloy parts, Prog Addit Manuf 7 (2022) 917–930, https://doi.org/10.1007/s40964-022-00267-w.

[19] A. Lores, N. Azurmendi, I. Agote, E. Zuza, A review on recent developments in binder jetting metal additive manufacturing: materials and process characteristics, Powder Metallurgy 62 (2019) 267–296, https://doi.org/10.1080/00325899.2019.1669299.

[20] Z. Zhou, A. Lennon, F. Buchanan, H.O. McCarthy, N. Dunne, Binder jetting additive manufacturing of hydroxyapatite powders: eeffects of adhesives on geometrical accuracy and green compressive strength, Addit. Manuf. 36 (2020) 101645, https://doi.org/10.1016/j.addma.2020.101645.

[21] K. Janzen, P. Groß, P. Imgrund, C. Emmelmann, Potentials of metal binder jetting process chains for medical parts, in: World PM2022 Lyon Proceedings, 2022.

[22] K. Janzen, K.J. Kallies, Fabrication of patient-specific finger joint implants from Ti-6Al-4V using metal binder jetting. 830 pages */transactions on Additive Manufacturing meets Medicine*, vol. 5 No. 1 (2023), Trans. AMMM, Trans. Additive Manuf. Meets Medicine (2023), https://doi.org/10.18416/AMMM.2023.2309830.

[23] K. Janzen, K.J. Kallies, L. Waalkes, P. Imgrund, C. Emmelmann, Influence of different powder conditioning strategies on metal binder jetting with Ti-6Al-4V, Materials. (Basel) 17 (2024), https://doi.org/10.3390/ma17030750.

[24] K. Siebertz, D. van Bebber, T. Hochkirchen, Statistische Versuchsplanung, Springer Berlin Heidelberg, Berlin, Heidelberg, 2010.

[25] S.L.C. Ferreira, R.E. Bruns, H.S. Ferreira, G.D. Matos, J.M. David, G.C. Brandão, E. G.P. Da Silva, L.A. Portugal, P.S. dos Reis, A.S. Souza, W.N.L. dos Santos, Box-Behnken design: an alternative for the optimization of analytical methods, Anal. Chim. Acta 597 (2007) 179–186, https://doi.org/10.1016/j.aca.2007.07.011.

A.5 Recycling of Ti-6Al-4V Powder in Metal Binder Jetting

Beim sinterbasierten Metal Binder Jetting (MBJ) wird das Pulver nicht aufgeschmolzen, sondern nur gebunden, was im Prinzip die volle Wiederverwendbarkeit des ungebundenen Pulvers gewährleistet. Dies erhöht sowohl die Ressourcen- als auch die Kosteneffizienz. Um dieses Potenzial auszuloten, wird in dieser Studie die Auswirkung des Pulverrecyclings im Hinblick auf die Handhabung und thermische Einflüsse untersucht. Zu diesem Zweck wird ein Gas-verdüstes Ti-6Al-4V-Pulver als Referenzpulver verwendet. Es wird gezeigt, dass das viermalige Recyceln des Ti-6Al-4V-Pulvers zu einer geringfügigen Veränderung der Partikelgrößenverteilung und einer Verbesserung der Fließeigenschaften führt. Es konnten keine Unterschiede in den durchschnittlichen Grünteildichten festgestellt werden, jedoch eine Vergrößerung ihrer Bandbreite (von 1 % auf bis zu 7 %). Darüber hinaus wird gezeigt, dass der thermische Einfluss durch die Aushärtung und Konditionierung (Temperaturen $\leq$ 200°C) nach dem Druck auch nach 15 Wiederholungen nicht zu einer signifikanten Erhöhung von Sauerstoff oder Stickstoff führt.

Recycling of Ti-6Al-4V Powder in Metal Binder Jetting[1]

Kevin Janzen[2], Kim Julia Kalles[3], Lennart Waalkes[2], Philipp Imgrund[2] and Claus Emmelmann[4]

Abstract

Powder in sinter-based metal binder jetting is not fused but only bonded, which in principle ensures full reusability of the unbonded powder. This increases both resource and cost efficiency. In order to explore this potential, this study investigates the effect of powder recycling with regard to handling and thermal influences. For this purpose, a gas atomized Ti-6Al-4V powder is used as a reference powder. It is shown that recycling the Ti-6Al-4V powder four times leads to a minor change in the particle size distribution and an improvement in flow properties. No differences in the average green part densities could be determined, but an increase in their range (from 1 % to up to 7 %). Furthermore, it is demonstrated that the thermal influence due to curing and conditioning (temperatures ≤ 200°C) after printing does not lead to a significant increase in oxygen or nitrogen even after 15 repetitions.

---

[1] Diese Version des Artikels wurde nach einer Begutachtung durch Fachkollegen zur Veröffentlichung angenommen, ist jedoch nicht die endgültige Fassung und spiegelt keine nach der Annahme vorgenommenen Verbesserungen oder Korrekturen wider. Die endgültige Fassung ist wie folgt referenziert:
Janzen, K., Kallies, K.J., Waalkes, L., Imgrund, P., Emmelmann, C., Recycling of Ti-6Al-4V Powder in Metal Binder Jetting, in: Proceedings of 2024 Powder Metallurgy World Congress & Exhibition, Yokohama, Japan, 2024, pp. 368–375, ISBN 978-4-910374-21-5.

[2] Fraunhofer-Einrichtung für Additive Produktionstechnologien IAPT, Am Schleusengraben 14, 21029 Hamburg

[3] Frankfurt University of Applied Sciences, Nibelungenpl. 1, 60318 Frankfurt am Main

[4] Institut für Anlagen- und Lasersystemtechnik iLAS, Technische Universität Hamburg TUHH, Denickestr. 17, 21073 Hamburg

1 Introduction

The introduction of metal binder jetting (MBJ) for industrial use has been anticipated as a significant disruptor, potentially lowering production costs dramatically compared to laser or electron beam powder bed fusion (L/E-PBF). This cost reduction is facilitated by the elimination of expensive laser systems and the use of more affordable materials from metal injection molding (MIM), along with seamless integration into similar manufacturing process chains. Unlike L/E-PBF, MBJ does not use lasers or electron beams to fuse metal particles; instead, it employs a liquid binder to bond them at room temperature. The parts, known as green parts, undergo debinding and sintering where the binder is removed, and the metal particles are fused through diffusion processes to form nearly dense components [1,2]. MBJ has gained significant traction as an innovative additive manufacturing process, offering substantial benefits over traditional manufacturing methods. The promise of MBJ especially for medical technology is underscored by its ability to produce parts potentially with lower costs and enhanced geometric accuracy compared to traditional L/E-PBF processes [3,4]. MBJ facilitates the production of intricate parts without the need for support structures, avoids thermal stresses, prevents shape distortion and cracking, and does not induce undesirable microstructural changes or material loss, thus ensuring high material recycling efficiency and cost-effectiveness, especially for expensive materials such as titanium [5,6]. Despite these promising advancements and the potential for significant cost reductions in medical technology, MBJ has not yet fully realized its potential in the market. The initial costs for MBJ systems remain comparable to those of L/E-PBF, and the industry still lacks medically certified process routes for biomaterials such as titanium, as well as suitable powder conditioning strategies that would allow for the direct use of MIM powders in binder jetting processes.

In a previous study the authors already addressed these potentials by developing advanced powder conditioning strategies, aimed at optimizing moisture content and respective powder flowability to use (MIM-like) low powder size distributions for better sintering kinetics, better integrability into MIM process routes and enhance the overall quality of MBJ green parts [7]. In order to understand how these new conditioning strategies (with drying temperatures of up to 200°C), as well as additional process steps such as sieving or curing affect possible impurities as well as powder size distributions, flowability and the surface quality of the subsequent green parts, these relationships are examined in more detail in this publication. This contribution is therefore part of a holistic examination of the entire MBJ process chain for Ti-6Al-4V, from powder to green part, focusing specifically on potentials, challenges and strategies associated with green part manufacturing, powder conditioning, powder recycling and green part curing. By integrating advanced conditioning strategies developed in our previous work, this research contributes to refining process parameters that maintain material properties while minimizing environmental impacts thru improved material efficiency, thereby supporting the broader adoption and technical viability of MBJ for medical technology.

Titanium and its alloys remain the materials of choice for biomedical applications and prostheses due to their biocompatibility, non-toxicity, and superior mechanical properties [8,9]. Due to their relevance in medical technology, titanium and titanium alloys like Ti-6Al-4V are extensively studied for their application in Metal Binder Jetting (MBJ) and are the focus of numerous research publications. Simchi et al. addressed challenges in achieving high-density and fine microstructural control, emphasizing the importance of optimizing powder particle size and printing conditions. The study demonstrates that achieving parts with mechanical properties comparable to those produced by MIM is possible through tailored sintering strategies. Overall, it provides valuable insights into improving the quality and functionality of 3D printed titanium parts for biomedical applications [10]. Stevens et al. investigated the impact of post-processing on the density of titanium alloy parts using MBJ. The study highlights how density varies within parts, often lower at edges and higher at areas of significant curvature, attributed to variabilities in the printing process such as binder and powder distribution. It discusses how these factors influence the coordination number and densification rates during sintering, which ultimately affects the mechanical properties and structural integrity of the final parts. The research emphasizes the need for understanding and controlling these parameters to improve the quality and consistency of binder jetted metal parts [11]. Tischel et al. developed a phenomenological densification model for predicting sintering behavior in Ti-6Al-4V MBJ samples. The study details the calibration of this model using experimental data from dilatometry experiments, highlighting the importance of understanding anisotropic shrinkage and thermal expansion to enhance manufacturing precision. Key findings demonstrate good alignment between model predictions and experimental sintering outcomes, emphasizing the model's utility in optimizing sintering processes for achieving desired density and mechanical properties [12]. Literature indicates that oxygen and nitrogen incorporation during thermal post-processing and during handling under ambient atmosphere can significantly alter the microstructure of Ti-6Al-4V, potentially degrading its mechanical properties (especially elongation) [13,14].

Thus, this study aims to evaluate the effectiveness of the previously developed conditioning strategies by investigating oxygen and nitrogen uptake at elevated temperatures, a critical factor for maintaining the alloy's properties across multiple recycling cycles. Powder recycling in MBJ in general is a subject of growing interest, as maintaining the quality of recycled powder is imperative for the economic and environmental sustainability of the process. To date, there is no literature that deals specifically with the powder recycling of titanium alloys for MBJ. However, there is some work on other materials (especially stainless steels). Mirzababaei et al. examined the recyclability of 316L stainless steel powder. The study highlights that after recycling the powder up to 16 times, there was an increase in coarse particles and a decrease in small particles, with minimal oxygen content change, suggesting a negligible effect on the chemical properties. Despite these changes in particle size distribution, the mechanical properties of the parts made from recycled powder were similar to those made from fresh powder [15]. Zissel et al. investigated the reusability of 17-4 PH stainless steel powder in MBJ. Their study examined how repeated reuse affects the powder's physical and chemical properties, its influence on print quality and the impact of inert and reducing atmospheres during curing. It found that despite multiple reuse cycles, the mechanical properties of parts produced remain consistent, although there are slight changes in particle size distribution and increased oxygen content [16]. Seyda et al. examined the changes in Ti-6Al-4V powder properties due to repeated use in L-PBF. It was shown that with multiple recycling cycles, Ti-6Al-4V powder undergoes coarsening of particles and increased flowability, which significantly affects the quality of the laser-melted parts. The study links these aging characteristics directly to alterations in the density, porosity, and mechanical properties of the produced components, showing a decrease in porosity and variations in density as the powder ages [17]. Lutter-Günther et al. also enhanced resource efficiency in L-PBF through advanced powder recycling strategies. Their study introduces two interrelated models: a powder reuse cycle calculation model, and a resource and energy consumption model refined for L-PBF processes. These models assess the global warming potential (GWP) of L-PBF parts, considering different recycling strategies and material losses. The findings indicate that the optimal reuse of powder can substantially lower the GWP-impact of the L-PBF process, which emphasizes the environmental benefits of effective powder recycling strategies [18].

The aim of this study is to quantify the effects of recycling titanium powder in the MBJ process, specifically focusing on both the powder and the green part properties. The goal is to contribute to optimizing the MBJ process chain and to establish guidelines for recycling titanium powder that could potentially be adopted for medical applications. This follows a detailed exploration of powder conditioning in [7] and highlights the significance of recycling non-bound powder to make MBJ more cost-effective and environmentally friendly, thus facilitating the industrialization of the process.

2 Materials & Methods

The design of the experiments followed two separate strategies:

1. Influences due to recycling over the entire process chain: A total of four cycles were considered here, whereby all process steps (powder conditioning, sieving, binder jetting, curing, depowdering) were run through each time (see Fig. 1, left).
2. Thermal influences due to recycling: Here the investigations were limited to the purely thermal influences, i.e. powder conditioning and curing. A total of 15 cycles were considered here (see Fig. 1, right).

These two strategies make it possible to quantify the thermal influences in particular for a higher count of cycles, as this would not be economically feasible due to the quantities of powder required for the entire process chain due to losses during the process.

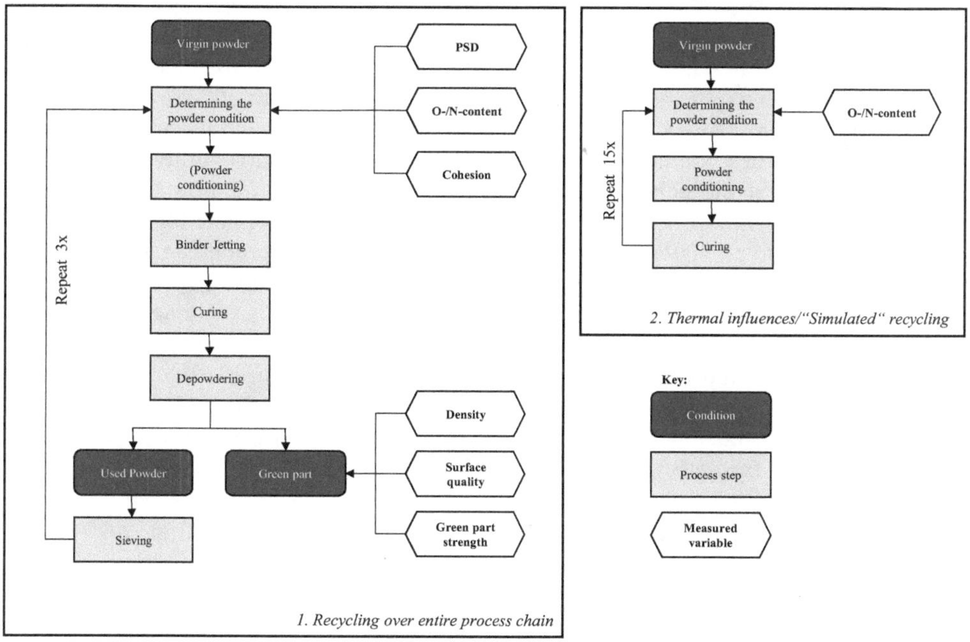

Fig. 1 Study design

2.1 Materials

The study used 10 kg of virgin plasma-atomized spherical Ti-6Al-4V powder supplied by Tekna Advanced Materials, Inc. (Sherbrooke, Canada) with increased oxygen content (TEKMAT™Ti64 25/5 HO). The most important characteristic properties of the powder are shown in Table 1. Only powder from a single batch was used for the experiments.

Table 1 Properties of the investigated powder

Alloy	Supplier	D_{10} (µm)	D_{50} (µm)	D_{90} (µm)	Apparent Density (g/cm³)	Tap Density (g/cm³)	Oxygen content [%]	Water content as received (ppm)
Ti-6Al-4V	Tekna	9.43 [1]	15.6 [1]	21.3 [1]	≥2.1 [2]	≥2.7 [2]	0.2-0.3[2]	49,5[3]

[1] Measured using dynamic image analysis; [2] manufacturer information; apparent density according to ASTM B527 and Tap density according to ASTM B417; [3] measured using Karl-Fischer-titration.

2.2 Powder Characterization

Powder condition characterization involved measurements of particle size distribution (PSD) and sphericity using a Camsizer X2 (Microtrac Retsch Gmbh, Haan, Germany) for dynamic image analysis following DIN ISO 13322-2. The water content of the virgin powder was also determined by Karl-Fischer-Titration (KFT) utilizing a Metrohm 899 Coulometer (Metrohm GmbH & Co. KG, Filderstadt, Germany) before the powder was dried using the conditioning strategies from [7]. The water content was measured as an example at various points in the process cycle, but was deliberately not included as a target value, as it depends on the duration of the individual process steps, which cannot always be kept constant. Given the inherent tendency of titanium alloys to absorb oxygen and nitrogen, and considering the exposure of the powder to temperatures up to 200 °C during conditioning and curing, the levels of these elements were quantified using infrared absorption for oxygen and thermal conductivity cells for nitrogen. To assess flowability, the dynamic angle of repose and the cohesion index were measured using rotating drum analysis (GranuDrum by GranuTools, Awans, Belgium), with adjustments made for the rotational speed of the drum to align with the MBJ printer's coating speed, producing a comprehensive set of data from multiple images and rotational directions to ensure accuracy despite the inherent challenges of the powder's flow characteristics. For this, 80 images were taken for each measurement. The direction of rotation of the drum is changed after 40 images. Also, three powder samples are measured, so a total of 240 measured values can be averaged for the dynamic angle of repose (α). For the cohesion index (CI), only two measured values are collected per measurement, one for each direction of rotation. The result is therefore averaged from six measured values. According to the manufacturer, the measurement accuracy of the method is 1.67 %.

2.3 Green Part Characterization

To characterize green parts the following target values were used: green part density, dimensional accuracy, surface quality and green part strength. The density is often determined using the Archimedes method or via the porosity of micrographs. However, both measuring methods cannot be used for green parts due to the water-soluble binder. Instead, optical measurement using fringe projection was used (VR-6200 by Keyence Corporation, Osaka, Japan). Fringe projection is a triangulation method in which the component is illuminated with structured light, i.e. the fringes. A camera records the diffraction of the stripes. The position of the camera and the projector in relation to each other is known so that the component surface can be triangulated. This allows the volume of the body to be determined. The measuring accuracy of the profilometer that was used is 4 µm for twenty-fold magnification and measurement using the macro camera. In addition to the calibration of the measuring device, only the room lighting and the reference surface from which the measurement is taken have an influence on the accuracy of the measurement. The lighting is therefore kept constant and the object table is used as the measuring surface. The weight of the sample was measured by weighing using a precision balance (PRACTUM 124-1S by Sartorius, Göttingen, Germany) so that it is possible to determine an accurate value for the geometric green density. The dimensional accuracy and surface roughness were also determined optically via fringe projection. Finally, a bending test was carried out in accordance with DIN EN ISO 3995 to determine the green part strength. The standard, which was actually created for metallic pressed parts, is consulted for green parts due to the lack of other standards. The green part was placed on two support cylinders at a distance of 25 mm and loaded centrally for bending. A tensile/compression testing machine (ZwickRoell 10kN by Zwick Roell, Ulm, Germany) with an appropriate setup was used for this.

2.4 Powder Conditioning

The powder conditioning strategy developed in [7] must be adapted for the correspondingly larger quantity of powder. The powder was divided into two large stainless-steel tubs. As the heat transfer to the powder is presumably decisive for drying, the quantity of powder to be dried in g/cm² of the heat transfer surface was used as the reference value for the test series. This corresponds to 2.1 g/cm² for the powder conditioning study 7) and 5.8 g/cm² for the present recycling study, i.e. an increase by a factor of 2.76. According to the model created in [7], a drying time of 6 h at 200 °C is required for a water content of 21.8 ppm. For the larger quantity, this would be 16.6 h at 200 $°C$. The powder was therefore dried overnight and the water content is then determined again. This resulted in a water content of 21.5 ppm with a range of 2.0 ppm as a starting value. After the first cycle following the entire process chain (Fig. 1, left) another KFT measurement was done and determined a water content of 21.8 ppm. As this difference is only very insignificant, it was assumed that the curing process and the heated powder magazine of the MBJ system hinder a significant increase in water content, provided that the powder is not subjected to intermediate storage. Powder conditioning was therefore only carried out for the first cycle.

2.5 Binder Jetting

MBJ was carried out on a Digital Metal (now Markforged, Inc., Watertown, NY, USA) DM P2500 system. The printing parameters are listed in Table 2:

Table 2 Metal binder jetting parameters

Parameter	**Value**
Binder	Digital Metal C20 Ink
Layer thickness	42 µm
Print box temperature	80 °C
Powder magazine temperature	70 °C
Print speed	200 mm/s
Powder application speed	30 mm/s

The specimens for MBJ were selected based on the sizes to be measured. A simple rectangular bending specimen is required for the bending test. The edge dimensions for the specimen are 30x12x9 mm. A cube with an edge length of 10 mm was selected for measuring surface quality and dimensional accuracy. For determining the volume by means of fringe light projection, a body that can be illuminated well from all sides was needed. A pyramid with a square base and an edge length of 14 mm was selected for this purpose (see Fig. 2). Small sinter samples were also produced for further investigations. Four samples were printed per layer in order to be able to average at least three samples per measurement. The samples were evenly distributed in the print bed.

Fig. 2 Printed green parts

2.6 Curing

After printing the samples were cured in a TR-242RN furnace (Nabertherm, GmbH, Lilienthal, Germany). The cycle used for this is shown in Fig. 3. It is divided into a ramp time (R), a holding time (H) and the cooling time (A).

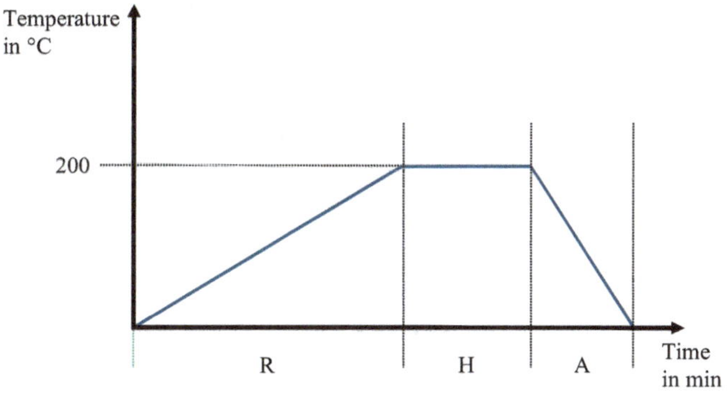

Fig. 3 Curing cycle principle

The ramp time was determined as specified by the binder manufacturer (Markforged) and depends on the number of layers (L) and the quantity of binder used (I):

$R = I + 0.3 \times L$

The holding time was also determined by the number of layers. The following applies: $L<300 \rightarrow H = 1$ h; $300<L<600 \rightarrow H = 2$ h; $L>600 \rightarrow H = 3$ h. The cooling time was always two hours and the temperature was set to 200 °C for each cycle.

2.7 Depowdering

After curing, the green parts were depowdered. This step was carried out under nitrogen atmosphere in a glovebox. The components were only depowdered with a brush. Care was taken to ensure that the different component layers were separated so that the components in the lowest layer could always be compared with each other for each recycling pass.

2.8 Sieving

After depowdering, the loose powder was then collected, filled back into steel powder bottles and sieved under argon gas in a custom-made sieving station. The sieving station is completely powder-tight for safety reasons and was flooded with argon gas before use. After opening the corresponding valves, the powder from the used powder bottle is fed directly onto the sieve. A linear conveyor moves the powder along a screen and collects it in a fine grain outlet. Powder agglomerations are filtered out via a coarse grain outlet.

3 Results & Discussion

In this section, the results of the recycling study are presented and discussed one after the other. The dried new powder and the recycled powders and their green parts are always discussed. Where appropriate, comparisons are also made with the "simulated" recycled powder (see Fig. 1, right). In the following, the different powders are labeled according to the scheme "1rp" (once recycled powder) and so on. The recycling processes that only cover the thermal process steps curing and conditioning are labeled "simulated-recycled powder". The repeatability is determined by averaging the samples several times. Reproducibility is discussed if the measuring device has an operator-dependent measuring principle, but is not determined. Measurement accuracy is presented for each method and included in the results. Measures to increase precision are presented in order to produce the most accurate measurement results possible.

3.1 Particle size distribution and sphericity

Table 3 shows the results of the PSD and their ranges. The measurement accuracy of the method with current calibration is 0.1 μm. Considering the range, no significant increase in the D10 value and thus loss of the fine fraction can be determined. On the other hand, a slight increase in the D50 and D90 values can be seen.

Table 3 Particle sizes and sphericity for different numbers of recycling cycles

Cycles	D_{10} (μm)	D_{50} (μm)	D_{90} (μm)	Sphericity
Virgin	9.43	15.60	21.30	0.880
1rp	9.57	15.77	21.33	0.880
2rp	9.40	15.63	21.50	0.880
3rp	9.53	15.90	22.07	0.880
4rp	9.40	15.80	21.70	0.881

3.2 O-/N-content

Fig. 4 shows the measured oxygen content for the respective recycling stage. There is no significant change in the oxygen content between the individual recycling steps, but all recycled powders have a higher content than the conditioned virgin powder. The increase is between 0.047 and 0.06 wt.%. This indicates a purely passive oxidation and is in line with the literature, which suggests that active oxidation only occurs from around 300°C [19].

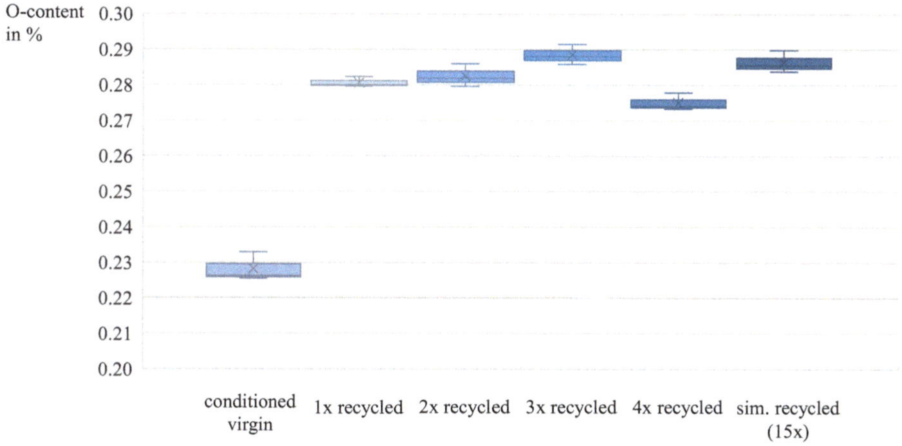

Fig. 4 Oxygen content for the respective recycling stages

A similar behavior can be observed for the nitrogen content (Fig. 5). The increase is between 0.006 and 0.008 wt.%.

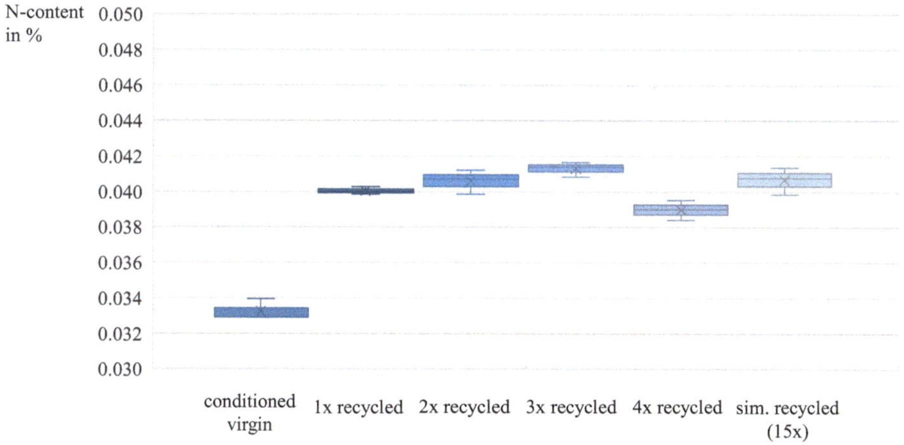

Fig. 5 Nitrogen content for the respective recycling stages

In the presence of oxygen and nitrogen, the oxide layer is preferentially formed. The layer certainly hinders the diffusion of N, but perhaps does not suppress it completely. However, since a significant increase can only be seen after the first recycling, some protective layer seems to form (e.g. an ON mixed layer). Following the principle of the oxygen equivalent, nitrogen is twice as effective for embrittlement as oxygen 14). Yet the pick-ups measured for both oxygen and nitrogen are anything but critical for the application and do not hinder powder recycling.

3.3 Cohesion

The measured values for the cohesion index and the dynamic angle of repose are shown in Table 4.

Table 4 Dynamic angle of repose and cohesion index in different recycling stages

Cycles	α (°)	Range of α (°)	CI	Range of CI
Virgin	33.84	2.30	14.0	1.6
1rp	30.10	2.50	11.5	1.2
2rp	31.00	2.10	11.8	0.6
3rp	32.00	2.60	12.8	0.6
4rp	31.10	2.00	10.9	0.5

The extensive range makes it difficult to observe a definitive shift in the dynamic angle of repose α during the recycling steps. Nonetheless, a noticeable decrease of 3.1 in the cohesion index is evident, which suggests a slight improvement in flow properties.

3.4 Green part density

From the density values (ρ), no significant change in density can initially be seen over the recycling stages (see Fig. 6). However, upon examining the measurement ranges, it becomes evident that they increase with the number of recycling processes. This indicates a certain influence of powder recycling on process stability.

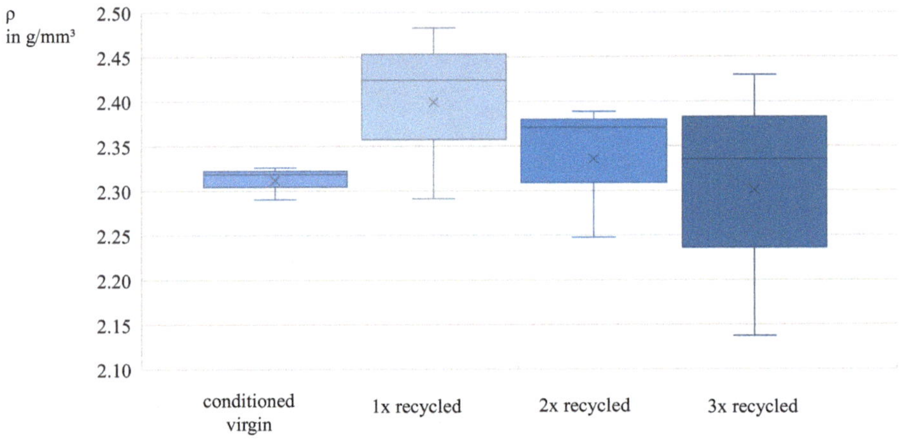

Fig. 6 Green part density for the respective recycling stages

3.5 Surface quality

The surface roughness is measured with the micro-camera and a forty-fold magnification, resulting in a measurement accuracy of 2 µm. Both Sa and Sz are determined. However, the mean roughness depth Sa is more suitable for the evaluation, as the absolute roughness depth Sz has very large ranges of several hundred µm. As the green parts are very sensitive, they may have been damaged during powder removal or handling, which is why small scratches have a strong influence on the surface quality result. With the mean roughness depth, these are less significant and the ranges are significantly lower. Here too, no significant difference in surface quality can be seen between the recycling cycles and also in this case the range of measured values increases for the recycled powder (see Fig. 7).

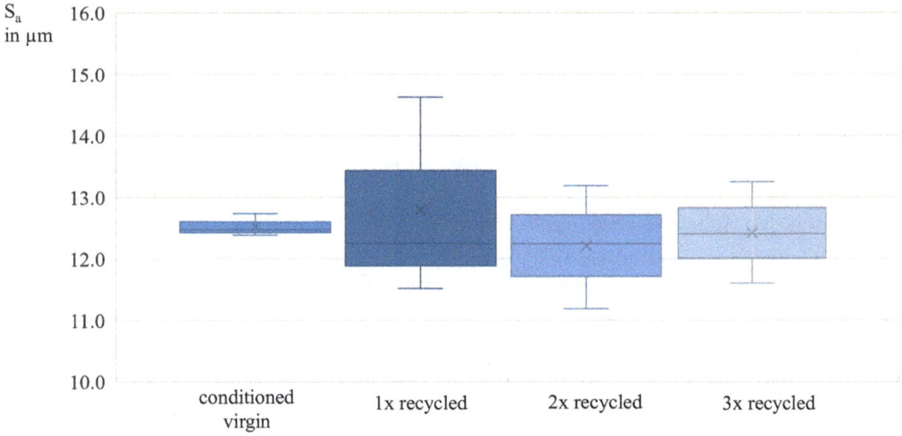

Fig. 7 Mean roughness depth Sa for the respective recycling stages

4 Conclusion

This extensive investigation into the recycling of Ti-6Al-4V powder within the framework of MBJ underscores its considerable potential to boost both economic efficiency and environmental sustainability in additive manufacturing, particularly within the medical sector. The study revealed that even after recycling the Ti-6Al-4V powder four times, changes in particle size distribution were minimal, flow properties were enhanced, and importantly, there was no substantial pickup of oxygen or nitrogen even after 15 times of conditioning and curing. This latter finding supports our previous powder conditioning study 7), reinforcing the effectiveness of advanced conditioning strategies that maintain the quality and performance of MBJ processes. The research supports the broader adoption of titanium powder recycling practices, which promise to revolutionize production methods in industries requiring high precision and integrity in material properties. Moreover, it sets a foundation for further research aimed at refining recycling protocols and broadening the range of materials that can be sustainably reused, thereby fostering wider industrial acceptance of sustainable practices in metal additive manufacturing.

Looking forward, it is imperative to conduct a detailed examination of the curing process, as it is the last critical step to represent a holistic approach for the use of titanium alloys in MBJ. A systematic exploration of how curing conditions interact with powder and green part qualities will enable the development of more detailed and effective guidelines for the complete MBJ process chain with titanium alloys. Such targeted research will not only deepen our comprehension of the involved thermal dynamics but will also facilitate the creation of an integrated framework to substantially enhance the efficiency and sustainability of MBJ with titanium alloys. This approach is especially crucial in medical applications where stringent quality standards must be met. By ensuring the process chain is optimized for both environmental and cost considerations, and meets the high-quality standards required in medical manufacturing, this future work will further solidify the role of advanced manufacturing solutions in industry.

References

[1] S. Mirzababaei, S. Pasebani: Journal of Manufacturing and Materials Processing, 3 (2019), 82.
[2] M. Ziaee, N. Crane: Additive Manufacturing, 28 (2019), 781-801.
[3] K. Janzen, P. Groß, P. Imgrund, C. Emmelmann: World PM2022 Proceedings, (2022).
[4] K. Janzen, K. Kallies: Transactions on Additive Manufacturing Meets Medicine, (2023).
[5] I. Gibson, D. Rosen, B. Stucker, M. Khorasani: Additive Manufacturing Technologies, (2021), 685.
[6] M. Munsch, M. Schmidt-Lehr, E. Wycisk, T. Führer: Metal Additive Manufacturing with sinter-based technologies, (2018).
[7] K. Janzen, K. Kallies, L. Waalkes, P. Imgrund, C. Emmelmann: Materials (Basel, Switzerland), 17 (2024).
[8] M. Niinomi: Metallurgical and Materials Transactions A, 33 (2002), 477-486.
[9] H. Rack, J. Qazi: Materials Science and Engineering: C, 26 (2006), 1269-1277.
[10] A. Simchi, F. Petzoldt, T. Hartwig, S. Hein, B. Barthel, L. Reineke: The International Journal of Advanced Manufacturing Technology, 127 (2023), 1541-1558.
[11] E. Stevens, S. Schloder, E. Bono, D. Schmidt, M. Chmielus: Additive Manufacturing, 22 (2018), 746-752.
[12] F. Tischel, L. Reineke, J. Alrashdan, V. Ploshikhin, (2023).
[13] T. Ebel, V. Friederici, P. Imgrund, T. Hartwig, 67, 337-360.
[14] U. Zwicker: Titan und Titanlegierungen, (1974).
[15] S. Mirzababaei, B. Paul, S. Pasebani: JOM, 72 (2020), 3070-3079.
[16] K. Zissel, E. Quejido, T. Deckers, P. Forêt, E. Hryha: World PM2022 Proceedings,
[17] V. Seyda, N. Kaufmann, C. Emmelmann: 1875-3892, 39 (2012), 425-431.
[18] M. Lutter-Günther, C. Gebbe, T. Kamps, C. Seidel, G. Reinhart: Production Engineering, 12 (2018), 377-389.
[19] G. Lütjering, J. Williams: Titanium, 2, (2007), 442.

FSC
www.fsc.org
MIX
Papier | Fördert gute Waldnutzung
FSC® C083411

Kolibri 360 GmbH
Ferdinand-Jühlke-Straße 7
99095 Erfurt, Deutschland
produktsicherheit@kolibri360.de